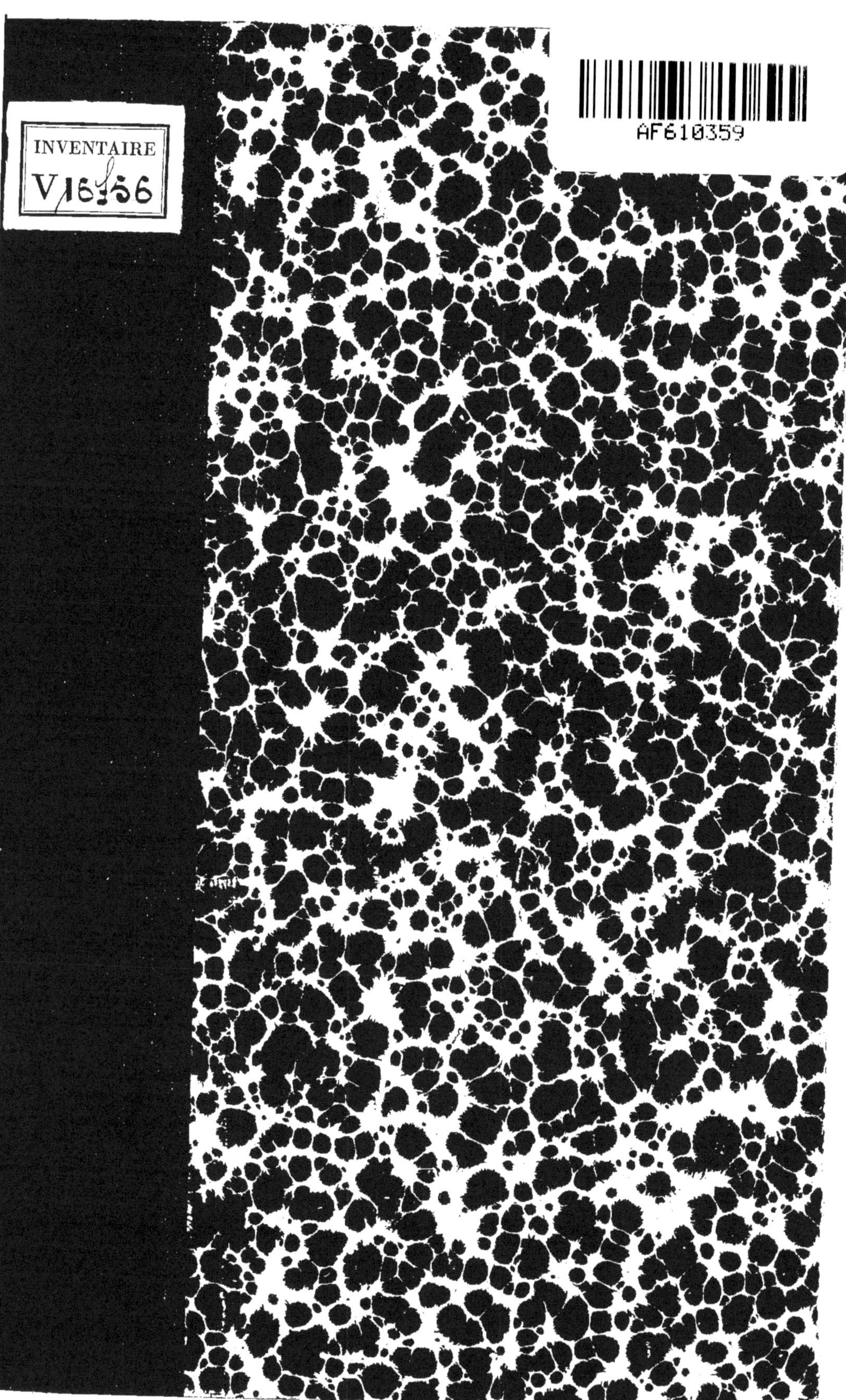

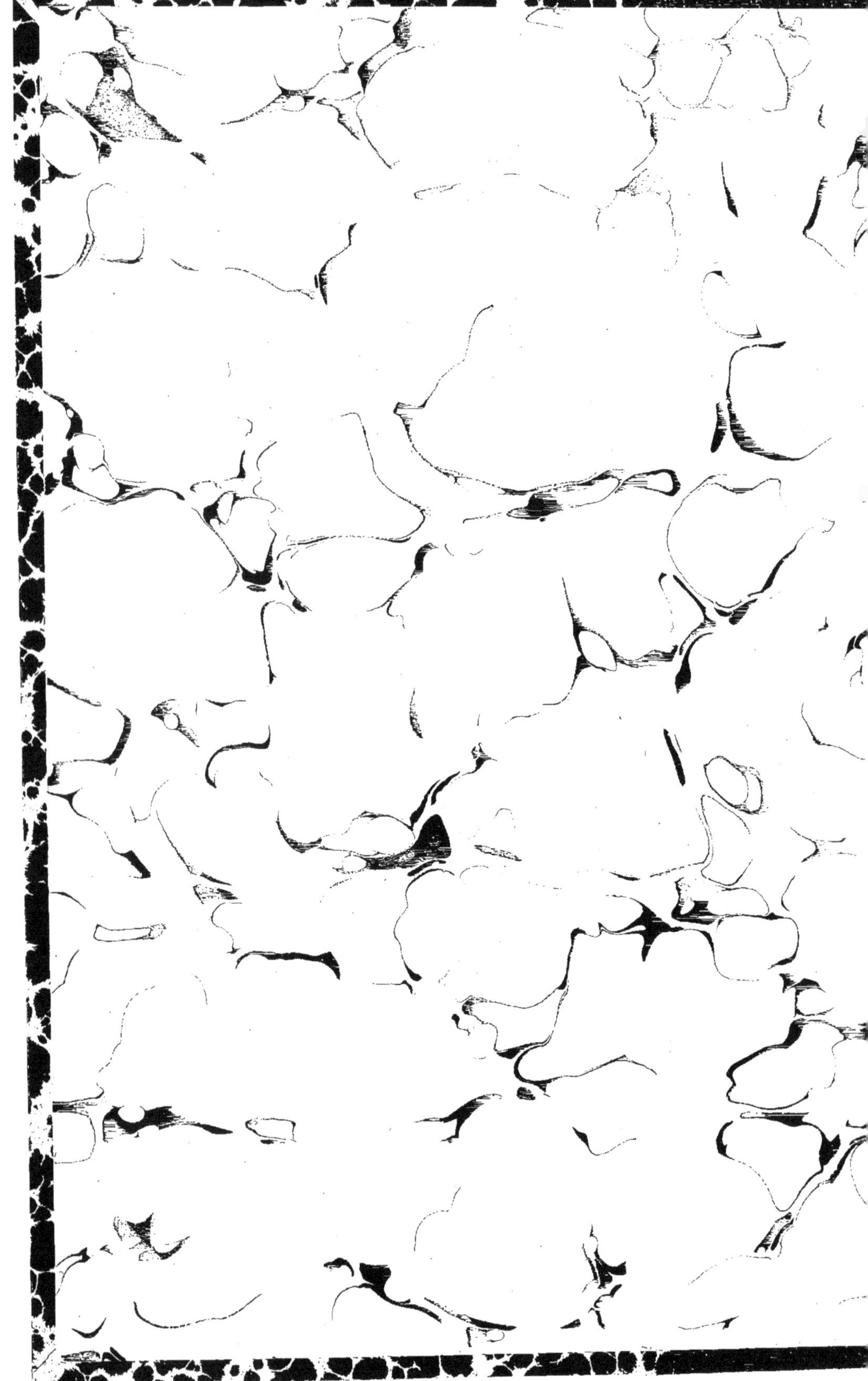

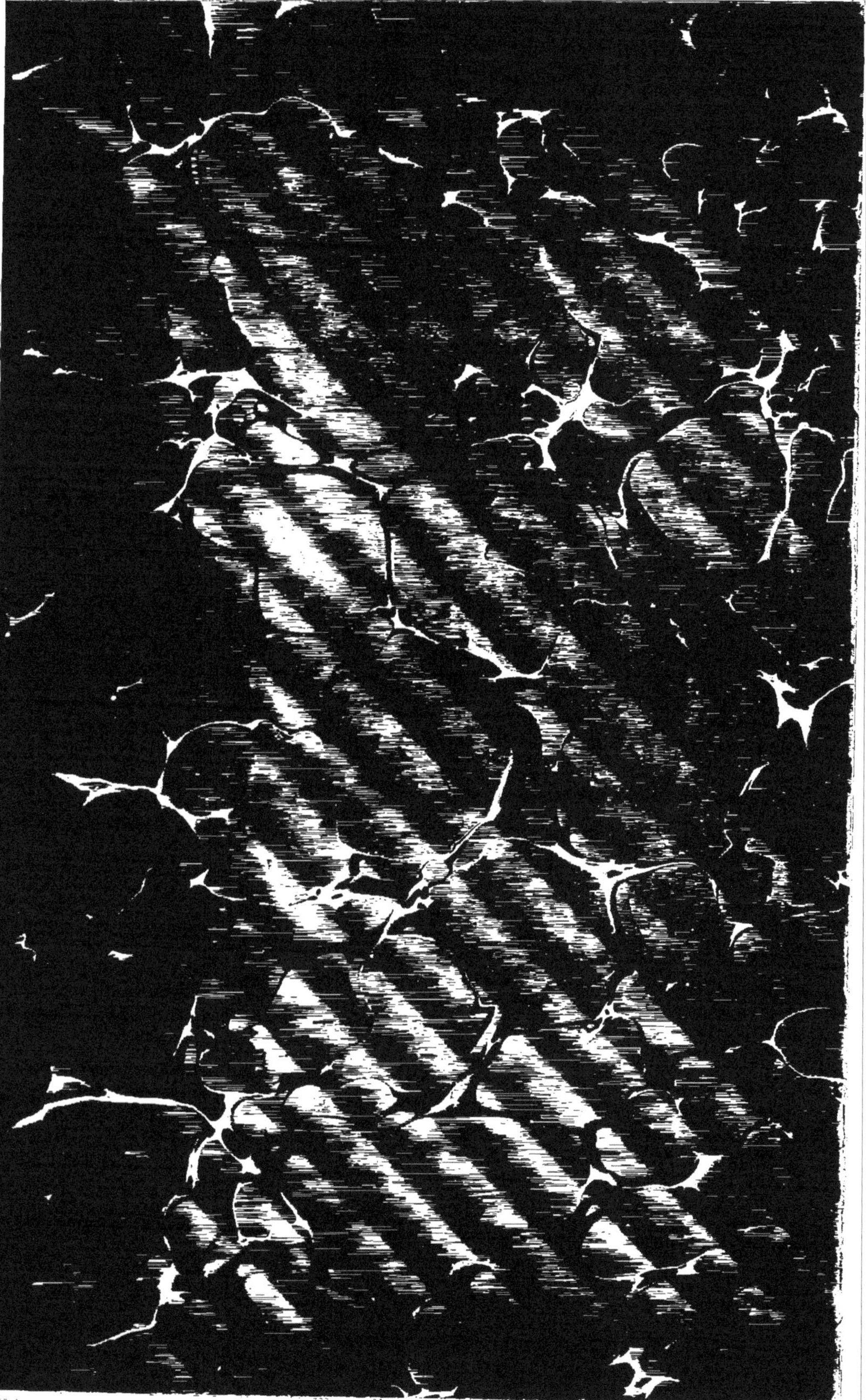

PORTEFEUILLE INDUSTRIEL

DU

CONSERVATOIRE

DES ARTS ET MÉTIERS,

OU

ATLAS ET DESCRIPTION

[illegible], APPAREILS, INSTRUMENS ET OUTILS EMPLOYÉS EN AGRICULTURE
ET DANS LES DIFFÉRENS GENRES D'INDUSTRIE :

PUBLIÉ,

[illegible] documens que peuvent fournir les Collections, les Archives et le
Portefeuille du Conservatoire royal des Arts et Métiers,

PAR MM.

[illegible]CHILLET, PROFESSEUR, ADMINISTRATEUR DU CONSERVATOIRE ;
[illegible] BLANC, PROFESSEUR, CONSERVATEUR DES COLLECTIONS.

TOME II. — X LIVRAISON. 4

PARIS,

[illegible]RVATOIRE DES ARTS ET MÉTIERS, RUE SAINT-MARTIN ;
ET CHEZ LES PRINCIPAUX LIBRAIRES.

1836

Imprimerie de BACHELIER, rue du [illegible]

MOULINS-A-BLÉ.

DIFFÉRENTES ESPÈCES DE MOUTURES.

On distinguait autrefois un grand nombre de systèmes de mouture différens, dont il n'est pas inutile de rappeler aujourd'hui les noms parce qu'ils font époque dans l'histoire des progrès de la meunerie. On avait, la *mouture rustique pour le pauvre*, la *mouture rustique pour le riche*, la *mouture rustique pour le bourgeois*, la *mouture en grosse*, la *mouture économique* et la *mouture lyonnaise*. Ces dénominations étaient établies tantôt sur la disposition relative des meules et sur le degré de trituration qu'elles donnaient au grain, tantôt sur l'espèce de bluterie qui était employée pour séparer le son, le gruau, la farine et les divers élémens qui composent la mouture au sortir des meules.

Dans la *mouture rustique pour le pauvre*, le blé ne passait qu'une fois sous la meule, et l'on n'employait qu'un seul blutoir assez serré à un bout et très lâche à l'autre; par le bout serré sortait une espèce de fleur de farine plus ou moins mélangée, et par le bout lâche sortait le gruau et une quantité de son plus ou moins considérable. Le gros son traversait seul toute la longueur du blutoir pour sortir par son extrémité, mais il emportait une quantité considérable de farine dont il n'avait pu être dépouillé. Ce système de mouture était cependant meilleur encore que celui que l'on employait pour le pain de munition, puisqu'alors on supprimait le blutoir, et le son passait en totalité dans le pain du soldat.

La *mouture rustique pour le riche* se distinguait de la précédente, parce que le blutoir était dans toute sa longueur d'un tissu tellement serré qu'il ne laissait passer que la fine fleur; les gruaux et la farine bise restaient dans le son.

La *mouture rustique pour le bourgeois* tenait le milieu entre les deux autres, le blutoir laissait passer toute la farine et les gruaux; elle était bien mêlée aussi d'un peu de petit son, tandis qu'il restait beaucoup de bonne farine adhérente au gros son.

Dans la *mouture en grosse*, le blé ne passait non plus qu'une fois entre les meules, mais l'on employait quatre bluteaux différens pour séparer les divers élémens de la mouture, et, pour en mieux subdiviser encore les diverses parties, chaque bluteau donnait plusieurs produits différens, si bien qu'en dernier résultat la mouture était séparée en première et deuxième farine de blé, bis-blanc, gruau ou semoule, gruau blanc, gruau gris, gruau bis, recoupettes, recoupes et gros son. Toutefois l'art de la meunerie et celui de la bluterie étaient en quelque sorte séparés : en général, on faisait moudre au moulin, et l'on faisait bluter chez soi; les boulangers avaient leurs bluteaux, et il y avait des tamiseurs qui allaient de porte en porte tamiser ou bluter chez des particuliers qui ne voulaient pas se charger de ce soin.

Ces différens systèmes de mouture étaient obligatoires en France, ils étaient imposés aux boulangers et aux meuniers sous peine d'amende. On trouve en effet dans les statuts des boulangers, renouvelés en 1658, que *défenses sont faites à tous boulangers de faire remoudre aucun son, pour par après en faire et fabriquer du pain, attendu qu'il serait indigne d'entrer au corps humain, sous peine de 48 livres d'amende.*

Cependant quelques meuniers habiles, des environs de Paris, s'étaient aperçus qu'il y avait grand avantage à remoudre les sons, et ils avaient, d'après cela, imaginé un nouveau système complet de mouture. L'innovation ne consistait pas seulement à repasser les sons, mais à tenir les meules très écartées lorsque le blé passait pour la première fois, puis à repasser successivement les différens gruaux jusqu'à trois ou quatre fois, en rapprochant convenablement les meules pour chacun de ces repassages. Alors la bluterie faisait partie essentielle du moulin, car il était indispensable de bluter chaque fois pour séparer la farine toute faite des autres produits qui devaient être repris par les meules. C'est ce système qui fut connu plus tard sous le nom de *mouture économique*, et qui fit tant de bruit en France et à l'étranger, depuis 1760 jusqu'en 1790 : il y eut une foule d'épreuves publiques pour comparer la mouture en grosse à la mouture économique, et des contestations sans nombre entre les parlemens, la police, et les boulangers.

C'est à cette époque, au milieu de l'effervescence générale, que le meunier Bucquet, grand promoteur de la mouture économique, imagina encore un autre système auquel il donna le nom de *mouture à la lyonnaise*, qui n'était, comme il le dit, qu'un raffinement de la mouture économique. Au moyen de cette nouvelle méthode, on ne laissait à la vérité aucune trace de farine dans le son; mais il paraît qu'on faisait passer dans la farine une quantité de son pulvérisé très notable.

Les systèmes de mouture qui sont employés maintenant dans les meilleurs moulins, soit en France soit en Angleterre ou en Amérique, ne sont pas sans analogie avec ces différens systèmes anciens; aussi en ont-ils conservé les noms. On parle encore aujourd'hui de mouture à la grosse et de mouture économique; cependant notre *mouture à la grosse* actuelle, que l'on appelle aussi *mouture américaine* ou *mouture anglaise*, et notre *mouture économique* actuelle que l'on appelle aussi *mouture française*, diffèrent en plusieurs points essentiels des systèmes anciens dont elles ont emprunté les noms; elles en diffèrent par la taille des meules et par le mode de blutage; et elles en diffèrent encore parce qu'en général on réunit les deux systèmes dans le même établissement, afin de faire repasser entre les meules économiques quelques-uns des gruaux de la mouture américaine.

RENDEMENT DU BLÉ EN FARINE ET EN PAIN

A

DIFFÉRENTES ÉPOQUES.

Le rendement du blé en farine, publié en 1830 par M. Benoît, dans la traduction qu'il fit à cette époque de l'Ouvrage américain d'Olivier Evans, paraît être établi sur des observations précises, et nous croyons pouvoir l'adopter comme étant le terme moyen du rendement actuel, le blé étant supposé de bonne qualité et très bien nettoyé.

Ainsi, aujourd'hui, 100 kilogrammes de blé donnent, par la mouture américaine,

Farine................	75k.
Issues.................	23
Déchet................	2
Total........	100

Les 75 kilogrammes de farine se composent de la manière suivante :

Farine de blé, 1re qualité.......	64	67,	propre au pain blanc.
— de gruau, 1re qualité....	3		
Farine sortant du bluteau lâche et des gruaux moulus........	6	8,	propre au pain bis.
Farine de 3e et 4e qualité......	2		

Les 23 kilogrammes d'issues se composent de la manière suivante :

Gros son à 20 kilogrammes l'hectolitre......	6	23.
Petit son à 24 kilogrammes l'hectolitre......	7	
Recoupettes à 28 kilogrammes l'hectolitre....	6	
Remoulage de 45 à 50 kilogrammes l'hectolitre.	4	

D'après les expériences très en grand et très bien dirigées qui ont été faites en 1783, par une commission de l'Académie des Sciences, et qui ont du reste été comparées à la pratique ordinaire des boulangers de Paris, on peut conclure que 16 kilogrammes de farine donnent 21 kilogrammes de pain cuit; c'est-à-dire que le poids de la farine étant donné, il faut y ajouter les $\frac{5}{16}$ de sa valeur pour avoir le poids du pain cuit qu'elle devra donner.

Ainsi les 67 kilog. de farine, 1re qualité, donnent....	87k,875,	pain blanc,
et les 8 — de farine bise..................	10 ,500,	pain bis.
Total.......	98 ,375	

On peut donc dire qu'aujourd'hui 100 kilogrammes de blé donnent environ 98 kilogrammes de pain, dont les neuf dixièmes sont en pain blanc et l'autre dixième en pain bis.

Par la mouture économique, 100 kilog. de blé donnent

Farine...............	76
Issues...............	22
Déchet..............	2
Total.......	100

Ainsi la différence des résultats, qui est d'abord variable suivant l'espèce des blés, n'est jamais très considérable quand les deux systèmes sont également bien conduits. Il paraît toutefois que si la mouture économique donne une quantité totale de pain un peu plus grande, elle donne moins de pain blanc et plus de pain bis.

Maintenant, pour bien apprécier les progrès successifs de la meunerie en ce qui regarde les rendemens définitifs en farine et en pain, il faut remonter aux époques antérieures et comparer les résultats. Nous choisirons particulièrement pour ces comparaisons les époques de 1783, 1760 et 1700, parce que l'on fit alors des expériences en grand avec toutes les précautions nécessaires.

En 1783, une commission de l'Académie des Sciences, composée de MM. Leroy, Tillet, Desmarets, d'Arcet et Legendre, fit, dans les moulins de Corbeil, une série d'expériences du plus grand intérêt, dans le but de déterminer les moyens *d'établir le prix juste du pain, proportionnément à celui du blé, suivant la quantité de farines différentes qu'une quantité de livres de blé peut rendre, et suivant la quantité de pain que ces farines doivent donner.* Ces expériences furent exécutées sur 12 setiers de blé de première qualité, pesant 242 livres le setier, et sur 12 setiers de blé médiocre pesant 229 livres et $\frac{1}{4}$. En transformant toutes les mesures, et en réduisant tous les nombres au rendement de 100 kilog., on trouve qu'en dernier résultat la mouture économique a donné,

Pour 100 kilog. de blé de 1re qualité :

Farine...............	75k,48
Issues...............	22 ,32
Déchet..............	2 ,20
Total........	100 ,00

Les 75,48 de farine se trouvent composés de la manière suivante :

Farine de blé, 1re qualité......	40,15	59,88	propre au pain blanc.
— de gruau, 1re qualité....	19,73		
— de gruau, 2e qualité.....	8,44	15,60	propre au pain bis.
— de gruau, 3e et 4e qualités.	7,16		

Pour 100 kilog. de blé médiocre :

Farine..............	73,70
Issues..............	23,41
Déchet..............	2,89
Total........	100,00

Les 73,70 kilog. de farine se trouvent composés de la manière suivante :

Farine de blé, 1re qualité..................	33,00	53,35
— de gruau, 1re qualité...............	20,35	
— de gruau, 2e qualité................	11,01	20,35
— de gruau, 3e et 4e qualité.........	9,34	

Les résultats de la mouture à la grosse sont un peu moins avantageux que les précédens, mais ils n'en diffèrent pas d'une manière essentielle.

On peut remarquer que ce rendement de 1783 coïncide presque exactement avec le rendement actuel.

Si l'on transforme la farine en pain, on obtiendra pour 100 kilog. de blé de 1re qualité 99 kilog. de pain; seulement les 8 dixièmes seront en pain blanc, et les deux autres dixièmes seront en pain bis.

Toutes les épreuves qui furent faites de 1760 à 1770 à Paris, Bordeaux, Amiens, Valenciennes, Rochefort, etc., et qui avaient pour but de démontrer la supériorité de la mouture économique, donnent 80 et jusqu'à 85 kil. de farine, et par conséquent 105 et 110 kilog. de pain pour 100 kilog. de blé. On ne peut guère douter, d'après ce qui précède, que, dans ces différentes épreuves, on n'ait transformé en farine, et fait passer dans le pain, une partie considérable de son; ce qui tenait sans doute à l'extrême rapprochement des meules dans les repassages, et peut-être aussi aux genres de bluteries qui étaient alors employées.

En 1700, il fut fait une épreuve qui est, je crois, la première où l'on eût songé à peser à la fois le blé et le pain (*Traité de la Police*, de Delamare, tome II); il en résulte qu'à cette époque 100 kilog. de blé de 1re qualité, pesant 244 livres le setier, donnaient seulement 81 kilog. de pain, savoir : 4 dixièmes en pain blanc, 4 dixièmes en pain bis-blanc ou bourgeois, et les 2 dixièmes restans en pain bis.

Ainsi, en 1700, l'art de la meunerie était encore dans l'enfance, on ne tirait du blé que les 4 cinquièmes à-peu-près de ce que l'on en pouvait tirer pour faire du pain; un propriétaire en perdait par conséquent au moulin plus du double de ce que la dîme lui en enlevait. Mais la mouture économique, qui commença à s'établir vers 1760, fit faire à cet art de si rapides progrès que 20 ans après, c'est-à-dire en 1780, il existait en France, et surtout aux environs de Paris, bon nombre de moulins dans lesquels on tirait véritablement du blé tout ce que l'on en pouvait tirer et tout ce que l'on en tire aujourd'hui.

PERFECTIONNEMENS RÉCENS
DANS
L'ÉTABLISSEMENT DES MOULINS.

Il ne faudrait pas conclure, de ce qui précède, que depuis 1780 l'on n'a rien fait pour perfectionner les moulins; car il ne suffit pas de tirer du blé toute la farine ou toute la substance véritablement nutritive qu'il contient, il faut encore que cette opération s'accomplisse avec régularité, certitude et économie. C'est vers ce but que les perfectionnemens récens ont dû être dirigés, et, sous ce rapport, on peut dire que depuis 20 ou 30 ans les moulins ont fait en France d'immenses progrès. Au lieu de 8 dixièmes en pain blanc et 2 dixièmes en pain bis que l'on obtenait autrefois, nous obtenons maintenant 9 dixièmes en pain blanc et 1 dixième en pain bis; ce n'est pas là assurément un progrès qui vaille la peine que l'on en parle, il n'y aurait rien à dire sur les moulins, si tout se bornait à ce résultat insignifiant; mais il faut considérer, d'une part, que dans les provinces éloignées de Paris, les mauvais moulins n'ont été que très lentement remplacés par des moulins meilleurs, et il faut considérer, en outre, qu'en supposant même que dans toute la France il n'y ait plus rien à gagner du côté du rendement, il y aurait encore prodigieusement à gagner du côté de la célérité, de la perfection, et de l'économie de force et de main-d'œuvre.

Les anciens moulins étaient très simples : un crible à main, deux meules et un bluteau composaient tout leur matériel en machines, tandis que les moulins actuels semblent comparativement d'une excessive complication : au lieu du crible à main, on emploie une longue série de machines préparatoires ou machines à nettoyer; des cribles mécaniques de différentes sortes, pour ôter les pierres, les mottes de terre et les grosses graines; des tarares, disposés par étage au-dessus les uns des autres, soit pour purger le blé de la paille, des ordures et des poussières, soit pour le séparer en différentes sortes; des ramoneries qui le brossent dans tous les sens, qui pénètrent jusque dans les plis de l'enveloppe du grain pour en chasser les poussières adhérentes, et qui rendent sa surface parfaitement lisse et nette; des comprimeurs qui aplatissent le blé sans l'écraser, et qui diminuent considérablement l'effort mécanique que les meules doivent faire pour briser le grain et pour séparer le son de la farine, et qui empêchent surtout que le son ne soit haché et la farine piquée. Les meules sont autrement taillées; la meule tournante est autrement suspendue, affleurée et mise en mouvement; le blé est distribué par des moyens plus ingénieux et surtout beaucoup plus sûrs, pour éviter, les engorgemens et même les irrégularités de distribution.

Enfin, les bluteries sont combinées d'une tout autre manière et autrement subdivisées, soit pour séparer les farines, soit pour séparer les gruaux, soit pour séparer les sons de différentes espèces. Toute cette perfection mécanique des nouveaux moulins n'aurait été qu'une source de perte plutôt que de bénéfices, si l'on n'était pas parvenu en même temps à disposer tous ces différens systèmes de machines pour qu'ils aient une marche régulière qui n'exige aucune vigilance assidue, et pour que le blé ou la mouture passe de l'un à l'autre dans l'ordre convenable, sans qu'il y ait à s'occuper ni de ces transports ni de la rapidité avec laquelle ils doivent s'accomplir. En un mot, il a fallu arriver à ce point de précision que le moteur se trouve chargé de tout, qu'il travaille dans tous les étages du moulin au moyen des outils si divers qu'on lui a confiés; que l'homme n'ait à mettre la main nulle part, et que le meunier n'ait en quelque sorte qu'à regarder comment le blé se nettoie, comment les meules font la mouture, et comment les bluteries la séparent en diverses qualités et la mettent en sac.

Nous n'avons pas pu avoir le projet de détailler pièce à pièce toutes les machines qui composent un bon moulin moderne, et encore moins de faire un traité complet de l'art de la meunerie; mais il nous a semblé très utile:

1°. De donner une idée générale de la disposition d'un grand moulin, où la vapeur est la puissance motrice;

2°. De décrire avec tous les détails nécessaires le mécanisme d'un moulin à eau à trois tournans, comme ils peuvent être établis avec avantage et en si grand nombre sur nos rivières;

3°. De faire connaître les machines préparatoires les plus nouvelles et les plus importantes.

Quant aux bluteries, elles sont maintenant assez connues, dans presque toute la France, pour qu'il nous semble à peu près inutile de les publier dans cet Ouvrage.

Pour l'ensemble d'un grand moulin à vapeur, nous avons adopté celui qui a été établi à Nantes, par M. Hallette, et dont il a bien voulu nous communiquer les plans avec tout l'empressement d'un véritable ami de la publicité et du progrès. Cet ensemble est représenté dans les planches 1 et 2.

Pour le petit moulin à eau, nous avons choisi celui qui a été établi à Stains, près Saint-Denis, par MM. Sudds, Barker et comp[ie], habiles constructeurs de Rouen, dont M. Antiq a exécuté, avec une grande perfection, un modèle en grand pour le Conservatoire. Ce moulin est représenté dans les planches 4, 5 et 6; nous y avons ajouté le distributeur Conti et le distributeur Paradis.

Enfin, parmi les nouvelles machines préparatoires, nous donnons, comme ayant une véritable importance, la Ramonerie de M. Cartier et le Comprimeur qui est établi dans le beau moulin de Corbeil. MM. Darbley ont bien voulu nous permettre, avec leur obligeance ordinaire, d'aller l'examiner sur les lieux et d'en lever tous les détails. Ces deux dernières machines sont représentées dans les planches 7 et 8.

MOULIN-A-VAPEUR,

ÉTABLI A NANTES,

PAR M. HALLETTE.

La planche 1 représente un plan ou une section horizontale du bâtiment. On y voit aussi à gauche une coupe verticale du bâtiment des chaudières, et à droite une coupe du fourneau faite entre les chaudières et les bouilleurs.

La planche 2 représente une coupe verticale du bâtiment dans le sens de la longueur.

La machine à vapeur est de la force de 20 chevaux, elle fait marcher six meules avec toutes leurs machines accessoires, puis deux huileries, avec les cylindres à écraser, les agiteurs des chaudières et les presses.

Les chaudières à vapeur sont en A, planche 1, dans un bâtiment séparé; elles sont à bouilleurs, comme on le voit fig. 2, et la flamme fait le tour de la chaudière, fig. 3, pour venir s'échapper par la cheminée *a*, fig. 1.

La machine à vapeur est établie en B sur un massif en maçonnerie, pl. 1 et 2; le tuyau *b* lui apporte la vapeur, tandis que le tuyau *b'* est destiné à l'alimentation des chaudières.

Le volant est en C, son axe *c* porte, d'une part, la manivelle *d* par laquelle il reçoit le mouvement de la bielle du balancier; et, de l'autre part, il porte la roue droite D par laquelle il communique le mouvement à toutes les machines.

La roue D engrène avec deux pignons situés dans son plan : l'un pl. 1, placé latéralement, vient donner le mouvement aux cylindres écraseurs E de l'huilerie; l'autre *f*, situé presque en-dessous, pl. 2, transmet le mouvement à l'arbre F, qui le communique à son tour à tout le système des machines qui composent le moulin à blé et l'huilerie.

D'abord, du côté de l'huilerie, se trouve un manchon d'embrayage *g'*: quand il est placé pour le mouvement, l'arbre F fait tourner les roues d'angles *g*, dont chacune donne le mouvement à une paire de meules G, accouplées suivant le système de M. Hallette; quand le manchon *g'* est placé pour le repos, la machine à vapeur ne fait marcher que le moulin à blé.

Une poulie *h*, communiquant au moyen d'une courroie à une autre poulie *h'*, pl. 1, donne le mouvement à l'arbre secondaire H, qui est chargé à la fois d'agiter la pulpe dans les chaudières au moyen des roues d'angles qui sont légèrement indiquées en *i*, et de faire marcher les presses I au moyen des poulies *i'*.

Du côté des moulins, l'arbre F porte le mouvement à la petite roue d'angle qui est montée sur l'axe vertical *j* du grand rouet J; et le grand rouet, engrenant avec les six lanternes des six meules tournantes qui sont indiquées sur les planches 1 et 2, donne le mouvement à toutes ces meules. L'axe *j* se prolonge dans les deux étages supérieurs en passant au milieu de la trémie commune K, comme on le voit planche 2, mais, vers sa partie inférieure, il porte une poulie *j'* dont la courroie, au moyen de deux poulies de renvoi, va donner le mouvement à un petit pignon qui mène le récipient ou le refroidisseur L, dont on voit une moitié pl. 2, au-dessous du grand rouet J. Ce refroidisseur est un grand canal circulaire, d'un diamètre un peu plus grand que le grand rouet, qui reste ouvert à sa partie supérieure et dont le fond porte une crémaillère circulaire engrenant avec le petit pignon dont nous venons de parler, et qu'il n'a pas été possible d'indiquer sur la planche; le refroidisseur tourne donc lentement sur lui-même et reçoit la mouture de toutes les meules; mais cette mouture est étalée et refroidie puisqu'elle tombe successivement sur des points différens du refroidisseur. Au sortir du refroidisseur, la mouture arrive par une anche *l* dans un réservoir où elle est puisée par une noria L', qui se meut dans une cage en bois et qui l'emporte au 4e étage pour la distribuer ensuite aux bluteries.

A son sommet, le grand arbre vertical *j* porte une roue d'angle N', qui, au moyen de deux autres roues d'angle plus petites, donne le mouvement à deux arbres horizontaux très courts, situés à angles droits l'un par rapport à l'autre: ces deux arbres ne sont pas représentés sur les planches, mais, pour comprendre leur position, il suffit de remarquer que le premier va donner le mouvement à l'arbre vertical *p* pl. 2, tandis que le second va donner le mouvement à l'arbre horizontal N vu aussi en projection, pl. 1.

L'arbre vertical P est particulièrement destiné à faire mouvoir le tambour *q* du tire-sac sur lequel s'enroule la corde *q'*, qui, après avoir passé sur la poulie Q', va s'accrocher au sac Q.

L'arbre horizontal N donne le mouvement aux bluteries, puis à la noria L' qui remonte les moutures, à la noria *n* qui remonte le blé, et enfin à l'arbre vertical M' qui fait mouvoir les tarares *m'* et le crible inférieur *m*.

On voit que le blé, monté à l'étage supérieur au moyen du tire-sac, descend jusqu'au rez-de-chaussée, en traversant les cribles, tarares et autres machines à nettoyer s'il y a lieu; puis ensuite qu'il est repris par la noria *n* pour être remonté aux étages supérieurs.

Pour ne pas trop compliquer les planches, on a supprimé tous les détails des bluteries et des moyens de transport du blé et de la mouture lorsqu'il s'agit de les faire passer d'une chambre à l'autre dans le même étage; on a seulement figuré la trémie principale K et les tuyaux *r* par lesquels le blé arrive aux distributeurs R : bien que ces planches d'ensemble soient sur une échelle assez petite, on pourra cependant estimer très exactement le rapport des diamètres des diverses roues d'engrenage et des poulies pour calculer les diverses vitesses qui ont été adoptées par M. Hallette, nous nous contenterons d'ajouter que l'axe du volant fait 17 révolutions ½ par minute, que dans le même temps l'axe vertical des meules d'huileries fait 16 tours, et les gros fers des meules 110.

Ces indications suffiront pour saisir d'un coup d'œil les dimensions du bâtiment en longueur, largeur et hauteur, pour prendre une idée de sa distribution intérieure et les emplacemens respectifs qui ont été assignés à tous les systèmes de machines qui seront désormais, non pas une partie accessoire, mais une partie essentielle des moulins à blé bien organisés.

MOULIN DE STAINS,

PRÈS SAINT-DENIS.

DESCRIPTION.

La planche 3e représente la roue hydraulique et la disposition des engrenages destinés à transmettre le mouvement aux trois meules tournantes qui se trouvent à l'étage supérieur et dont les positions respectives sont indiquées sur la planche 4.

L'axe a de la roue hydraulique A (fig. 1) repose sur les paliers a', a', et il porte à l'une de ses extrémités le grand rouet A' qui donne le mouvement au pignon droit B' et au grand rouet conique B, montés l'un et l'autre aux extrémités d'un même axe b, comme on le voit dans la coupe (fig. 2).

Le rouet conique B commande le pignon conique C' (fig. 1 et 2) monté, ainsi que le rouet droit C, sur l'arbre vertical c, dont les prolongemens successifs s'élèvent jusqu'aux étages supérieurs du bâtiment, et qui devient ainsi l'arbre principal destiné à distribuer le mouvement aux meules tournantes, à toutes les machines préparatoires par lesquelles passe le blé, et à toutes les machines définitives par lesquelles passe la mouture depuis l'instant où elle sort des meules jusqu'au moment où elle est refroidie, blutée, séparée en diverses qualités et mise en sac.

Nous examinerons d'abord la disposition de l'arbre c, qui reçoit ainsi toute la puissance motrice et qui est chargé de la distribuer dans toutes les parties de l'établissement. Son extrémité inférieure repose dans une crapaudine ordinaire (fig. 2) dont la boîte fixe c' porte quatre vis réglantes pour centrer la gaîne et par conséquent pour centrer l'arbre lui-même, qui tourne dans la cavité de la gaîne où il repose sur un culot d'acier. La boîte c' fait corps avec un grand arceau en fonte D qui n'est vu qu'en coupe transversale dans la figure 2, mais dont la partie supérieure se montre en élévation longitudinale dans la fig. 6, pl. 5. La figure 2 fait voir la hauteur de l'arceau ou la distance de son sommet à sa base d, et elle fait voir aussi que sa base elle-même (dont les extrémités se voient en d, d, sur la fig. 1) est une plaque très épaisse qui s'élargit d'un côté vers son milieu pour se prolonger jusque sous le palier b' de l'arbre b. La fig. 6, pl. 5, montre seulement son épaisseur et la disposition de la forte nervure qui s'étend du sommet à la base sur le milieu de sa largeur; il faut que cette pièce ait une grande solidité puisqu'il peut arriver qu'elle ait à porter tout le poids de l'arbre *c* et des diverses roues dont il est chargé dans toute sa hauteur : nous disons que cela peut arriver parce que, dans l'état ordinaire, ce poids repose seulement sur la base *dd* de l'arceau et non pas sur sa convexité; en effet, on voit (fig. 2 et 6) une forte vis D′ qui traverse en même temps la base *dd* de l'arceau D et son sommet ou le fond de la boîte fixe *c′* de la crapaudine; cette vis porte une languette qui l'empêche de tourner, en sorte qu'elle est forcée de monter et de descendre suivant que l'on tourne dans un sens ou dans l'autre son écrou *d′* (fig. 2) qui s'appuie sur la base *dd*; comme le fond de la gaîne de la crapaudine repose habituellement sur l'extrémité supérieure de la vis D′, il est évident que c'est son écrou *d′* qui porte tout le poids de l'arbre *c* et qui transmet sa pression à la base *dd*; c'est là aussi ce qui donne le moyen d'élever ou d'abaisser un peu l'arbre *c* pour mettre les engrenages parfaitement au point, mais, s'il arrivait qu'accidentellement le fond de la gaîne vînt à reposer sur la base de la boîte *c′*, alors tout le poids de l'arbre *c* peserait sur la convexité de l'arceau D, et il faudrait qu'il fût capable de le supporter. La base *dd* de l'arceau D est scellée sur un massif en pierre de taille D″, dont on voit la forme sur la fig. 1 et la saillie sur la figure 2, mais, dans la fig. 6, ce massif est caché par le massif antérieur et plus élevé F qui laisse voir seulement la partie supérieure de l'arceau D et de la vis D′.

L'arbre *c* est maintenu dans le premier plancher par un collet C″ (fig. 3, pl. 4), qui est fortement boulonné contre la traverse en bois *e* : ce collet est une espèce de boîte en fonte, à trois cornes, ayant 12 à 15 centimètres d'épaisseur; dans chacune de ses cornes peut glisser un coussinet poussé par une vis *c″*; ainsi l'arbre *c* est embrassé plus ou moins étroitement presque dans tout son contour, et l'on voit en même temps que les vis *c″* ont assez de jeu pour prendre le centrage de la crapaudine inférieure ou du boulon D′.

Un moyen analogue est employé à tous les étages pour les diverses allonges que reçoit l'arbre *c* : c'est ainsi qu'on arrive à avoir dans toute la hauteur du bâtiment un arbre moteur animé d'un mouvement de rotation qui s'exécute sans bruit et sans ébranlement.

L'arbre *c* fait trente et un tours par minute, car la roue hydraulique A fait trois tours et quart en une minute, et les rayons et les nombres de dents des différentes roues sont comme il suit :

	Rayons.	Nombre de dents.
A′.	1m,372.	120
B′.	0 ,366.	32
B	0 ,862.	102
C′.	0 ,338.	40.

Ce qui donne pour le nombre des tours de l'axe *c* :

$$3,25 \times \frac{1372}{366} \times \frac{862}{338};$$

ou

$$3,25 \times 3,75 \times 2,55 = 31,08.$$

Cette vitesse de 30 à 31 tours par minute pour l'axe *c*, qui correspond à celle de trois tours et un quart pour la roue hydraulique, est celle qui donne la meilleure marche dans le Moulin de Stains : on s'aperçoit que, si la vitesse de la roue s'accélère un peu, la mouture s'échauffe trop.

Toutes les roues sont en fonte, comme à l'ordinaire, et leurs dents sont en bois de frêne ; les manchons ou moyeux, par lesquels les roues se montent sur leurs arbres, sont en général pourvus de vis calantes qui servent à donner aux engrenages une précision parfaite.

Le beffroi est l'assemblage des pièces qui sont destinées à supporter les meules et le mécanisme du moulin : il se compose du premier plancher sur lequel reposent les meules, des colonnes qui soutiennent ce plancher, et des massifs de maçonnerie qui soutiennent ces colonnes elles-mêmes.

La fig. 3, pl. 4, montre la disposition du premier plancher : on voit que la première paire de meules, celle qui est le plus en avant, repose sur deux poutres parallèles E', E', réunies par deux traverses *e'e'*; les meules ont été enlevées pour laisser voir l'assemblage des poutres : les deux autres paires de meules, rangées sur la même ligne, reposent sur deux autres poutres pareilles E, E, qui sont aussi parallèles entre elles ; ces poutres sont réunies par cinq traverses analogues aux traverses *e'*,*e'*; quatre se trouvent cachées sous les deux paires de meules, et la cinquième *e*, qui est visible, se trouve destinée, comme nous l'avons vu, à porter le collet C'' de l'arbre *c* : dans le système de gauche, on a coupé l'archure et enlevé la meule supérieure pour laisser voir la meule inférieure dans sa vraie position ; dans le système de droite, on a laissé les deux meules, l'archure entière et la trémie. Cette disposition est combinée avec le diamètre du rouet C (fig. 1, 2, 3 et 6) et celui du pignon droit H' monté sur le gros fer des meules, pour que le centre des meules tombe à très peu près au centre du carré formé par les poutres et les deux traverses correspondant à chaque paire de meules, comme on le voit en E', E', *e'*, *e'* (fig. 3).

Pour soutenir le premier plancher, il y a sous chaque paire de meules une corniche en fonte F' (fig. 6), qui est percée en son centre pour laisser passer le gros fer ou l'axe H de la meule courante, et qui est supportée par deux colonnes creuses en fonte *f'*, *f'* dont les socles carrés *f*, *f*, pareillement en fonte et à base circulaire, reposent sur un massif solide en pierre de taille F : la figure 1re montre la forme et la disposition de ces massifs, la base des socles *f*, et la section des colonnes *f'*. Cette construction, à la fois simple, solide et élégante, assure au bâtiment une longue durée, et à toutes les machines une marche parfaitement régulière.

L'axe ou le gros fer H (fig. 6) de chacune des meules tournantes porte une lanterne H' qui est commandée par le hérisson C, monté sur l'arbre principal *c* (fig. 1, 2 et 6). La figure 1re représente un simple tracé linéaire du hérisson et des trois lanternes ; la figure 2 représente seulement une coupe verticale du hérisson ; et la figure 6 représente une élévation du hérisson et des trois lanternes.

Pour calculer la vitesse de rotation des axes H, qui est aussi celle des meules courantes, il suffit de savoir que l'on a :

	Rayons.	Nombre de dents.
Hérisson C.	1^{m},188.	132
Lanterne H'.	0 ,324;	36

car il en résulte que, pour un tour de hérisson, les lanternes font un nombre de tours exprimé par

$$\frac{1188}{324} = 3,66;$$

et, comme le hérisson fait, ainsi que l'arbre *c* qui le porte, 31 tours par minute, il en résulte que les lanternes H', les arbres H et les meules courantes, tournent avec une vitesse de

$$31,08 \times 3,66 = 113^{\text{tours}},7,$$

c'est-à-dire que les meules accomplissent 113 à 114 révolutions par minute.

Cette grande vitesse, appliquée à des masses aussi pesantes, exige dans l'ajustement beaucoup de précision et de solidité, et ces conditions ne sont pas les seules que l'on ait à remplir, car il faut encore disposer le mécanisme pour que l'on puisse, avec promptitude et pendant le mouvement, centrer l'axe s'il en est besoin, et l'élever ou l'abaisser pour mettre la meule au point.

Voici les moyens qui ont été employés dans le Moulin de Stains pour obtenir ces divers résultats.

Entre les socles *f*, *f* des deux colonnes *f'*, *f'* s'adapte, à boulons et à queue d'aronde, un double arceau en fonte J, J et J', J' (fig. 1 et 6), qui est représenté sur une plus grande échelle dans les fig. 7, 8 et 9, pl. 6. L'arc inférieur J, J n'a que très peu de convexité ; il porte en son milieu une nervure inférieure *j* et une nervure supérieure *j'*, tandis que l'arc supérieur J', J' (fig. 7) forme à peu près une demi-circonférence et n'a qu'une nervure supérieure, qui est le prolongement de la nervure *j'* : ces deux arcs ont la même largeur, comme on le voit sur les figures 8 et 9, et elle est égale à celle des socles *f*, *f* contre lesquels ils sont arrêtés.

Cette pièce a un double emploi : d'abord, elle consolide les colonnes et empêche leur écartement, et ensuite elle est destinée à porter l'axe H et la meule courante M.

On voit en effet, sur les figures 7, 8 et 9, que sur le sommet du double arceau, on a fait venir à la fonte avec lui la boîte fixe I de la crapaudine, qui reçoit le tourillon ou l'extrémité inférieure de l'axe H ; le manchon et la gaîne munie de son culot d'acier se trouvent réglés latéralement, comme à l'ordinaire, dans cette boîte fixe au moyen de quatre vis *i* ; en même temps, la vis à languette I' (fig. 9 et 10), dont l'écrou est une roue dentée en fonte *i'i'* (fig. 9), traverse à la fois le sommet de l'arceau inférieur et celui de l'arceau supérieur pour aller sur son sommet supporter la gaîne de la crapaudine, et par conséquent le poids de l'axe H et celui de la meule courante; cette charge se transmet sur l'écrou $i'i'$, qui le fait supporter au double arceau, puisqu'il tend à allonger l'arc JJ en le faisant fléchir et par conséquent à ouvrir l'arc J', J'.

Il est évident, d'après cette disposition, que pour centrer l'axe H, il suffit de faire agir les vis i, et que, pour le faire monter ou descendre, il suffit de faire tourner l'écrou i', i'; comme ce dernier mouvement doit s'exécuter dans de très petites amplitudes et avec une extrême précision, on a adapté sur l'arc JJ, au moyen de deux supports, une vis sans fin i'' (fig. 7) qui engrène avec l'écrou denté $i'i'$ et qui se meut au moyen des cercles I'' adaptés à ses deux bouts (fig. 1, 6, et 7) : l'écrou denté $i'i'$ ayant vingt-une dents, et le pas de vis du boulon I' étant de 2mm,50, on voit que, pour un tour des manivelles ou petits volans I'', l'axe h' monte ou descend de 0,12 de millimètre; on obtient donc par ce moyen une grande sensibilité et une précision parfaite.

L'embrayage ou le débrayage des lanternes H' ne s'exécute pas avec moins de facilité, bien que le mécanisme au moyen duquel on y arrive soit un peu coûteux et exige des soins d'ajustemens particuliers; ce mécanisme est représenté sur les figures 9, 11, 12 et 13.

La lanterne H' (fig. 9), montée à clavette sur le gros fer H et réglée avec une vis, peut glisser sur sa longueur sans éprouver de balottement sensible; elle est soutenue par un manchon H'' qui peut glisser comme elle et qui est lui-même soutenu par un écrou en bronze ou en fonte h'', dont on voit une coupe et une vue en-dessus dans les figures 12 et 13; le manchon H'' est aussi représenté à part dans la fig. 11, qui fait voir sa forme, son épaisseur et la rainure dans laquelle se loge la clavette de l'axe H; deux petits manches ou bras en fer h''', dont les figures 14 et 15 montrent la forme, se vissent dans les trous de l'écrou h'', comme on le voit dans la figure 7, et servent à le faire tourner sur la partie taraudée de l'axe H.

Il résulte, de la grandeur des pas de vis et de la hauteur des dents de la lanterne H', qu'il faut faire prendre neuf ou dix tours à l'écrou h'' pour débrayer complétement.

L'axe H est maintenu dans l'œillard de la meule dormante au moyen du boîtard K qui se voit en coupe dans la figure 6, et qui est représenté en détail dans les figures 22, 23 et 24.

Le boîtard K est, extérieurement, un cylindre de fonte portant quatre oreilles k; mais, intérieurement, il porte à la hauteur des oreilles une cloison horizontale k', percée en son milieu d'un trou un peu plus large que le diamètre de l'arbre H pour le laisser passer librement; et, au-dessus de la cloison, il présente six compartimens, savoir, 3 compartimens k'' (fig. 23) destinés à recevoir des étoupes graissées avec du suif, et, entre ceux-ci, trois autres compartimens l en plan incliné destinés à recevoir chacun un coussinet en cuivre L et un coin en fer L' portant une longue queue l' qui traverse la cloison k' et qui descend jusqu'au-dessous du plancher des meules et de l'entablement F′ (fig. 6), où elle reçoit un écrou l''. La portion h de l'arbre qui traverse le boîtard s'appelle la *fusée;* les étoupes grasses ont pour but de la graisser, tandis que les coussinets L, plus ou moins pressés par leurs coins respectifs, tendent à centrer l'arbre et à le maintenir rigoureusement dans la direction verticale; c'est pourquoi l'on fait sortir la queue l' des coins L′, afin que l'on puisse au besoin serrer ses coins d'un côté et les relâcher de l'autre pour rétablir le centrage, sans être obligé de lever la meule courante.

Quant à la manière de fixer invariablement le boîtard dans l'œillard, elle est assez variable : les uns se contentent de chasser de force des coins en bois entre le boîtard et l'œillard, et dans les engravures par lesquelles sont entrées les oreilles k; les autres font un scellement au plâtre, au ciment ou au plomb.

Enfin, la surface supérieure du boîtard reçoit un couvercle en fonte représenté dans la figure 24; on a soin de l'ajuster pour qu'il empêche autant que possible la farine de s'insinuer autour de la fusée, car elle encrasserait les coussinets et détruirait l'effet de la graisse.

La surface de la meule courante décrivant nécessairement un plan horizontal, il est nécessaire aussi, pour obtenir de bons résultats, que la surface de la meule dormante offre une surface parfaitement horizontale, et il est évident qu'il faut avoir rempli cette condition avant d'arrêter les positions des coussinets du boîtard autour de la fusée, comme il faut aussi avoir amené d'avance le centre du boîtard à très peu près dans la verticale du pivot de l'arbre H.

Parmi les moyens divers qui sont employés pour obtenir ces résultats, voici ceux qui ont été choisis dans le moulin que nous décrivons. Au-dessous des meules dormantes se trouvent disposées, à égale distance du centre et en triangle équilatéral, trois platines en fonte G′ (fig. 3) auxquelles correspondent des vis g' ayant leurs écrous fixés dans les poutres, comme on le voit par la section (fig. 3 *bis*); c'est sur ces trois platines que repose la meule, en sorte qu'il est très facile, par le mouvement de vis, de rendre sa surface supérieure parfaitement horizontale. Pour centrer le boîtard par rapport au tourillon de l'axe, on emploie un moyen analogue qui est pareillement représenté sur les fig. 3 et 3 *bis,* et sur la fig. 6; autour de la meule, à 4 ou 5 centimètres de distance, on établit une couronne en bois G″, très solide et solidement assemblée, dans l'épaisseur de laquelle passent quatre vis g'' qui viennent agir sur des plaques en fonte fixées contre la tranche de la meule, et, par le jeu combiné de ces vis, il est facile de donner à la meule, d'un côté ou de l'autre, les petits déplacemens qui sont nécessaires pour achever le centrage.

La meule courante doit être soumise, dans son ajustement, à deux conditions qui semblent contradictoires : il faut, d'une part, qu'elle soit liée à l'arbre H pour en recevoir le mouvement de rotation; et il faut, d'une autre part, qu'elle soit suspendue en équilibre, de telle sorte qu'elle puisse pencher ou abaisser l'un de ses bords si un obstacle quelconque vient à soulever accidentellement le bord opposé.

Ce double résultat est obtenu de la manière suivante :

La portion h' (fig. 6 et 17) qui termine l'arbre au-dessus de la fusée h, et qui se nomme le *papillon*, est un cône armé sur l'une de ses arètes d'une languette en acier, et surmonté d'une sphère ou d'un fort bouton, pareillement en acier trempé très dur, que l'on nomme la *tête* du papillon ; un manchon très solide N, en fonte ou en fer forgé) représenté sur les figures 17, 18, 19 et 20), est percé d'un trou conique à rainure, qui s'adapte exactement sur le cône du papillon de manière que la rainure embrasse étroitement la languette du cône ; le manchon est ainsi lié à l'axe et participe à son mouvement de rotation. mais, à sa partie supérieure, il est entaillé par deux plans parallèles à son axe, comme on le voit dans la vue en-dessus (fig. 18) et surtout dans les deux coupes perpendiculaires (fig. 17 et 19) ; le fond de cette entaille arrive jusqu'au trou conique, et, de part et d'autre du trou, il est en plan incliné ou plutôt en surface courbe s'abaissant vers le contour extérieur; il en résulte que, quand le manchon est en place, la tête du papillon s'élève dans l'entaille et s'y trouve à découvert. Si, maintenant, on prend la nille m, dont l'épaisseur (fig. 21) n'est pas tout-à-fait égale à la largeur de l'entaille, et qu'on la pose sur la tête du papillon, il est constant qu'elle y restera suspendue en équilibre, et que cependant elle participera au mouvement de rotation du manchon N et de l'arbre H ; on pourra toutefois, si on le juge convenable, limiter ses oscillations dans tous les sens : d'abord, en donnant au fond n' de l'entaille du manchon une forme telle que la nille vienne la rencontrer si elle penche trop dans le sens de sa longueur ; et, ensuite, en donnant à son épaisseur très peu de jeu dans l'entaille, en sorte qu'elle vienne en rencontrer les bords si elle éprouve des oscillations trop grandes dans le sens de son épaisseur.

Ce qui arrive ainsi à la nille seule arrive exactement de la même manière quand elle est chargée de tout le poids de la meule courante M : mais alors, pour que la surface creuse par laquelle elle repose sur la tête du papillon ne soit pas écrasée ou altérée par cette énorme pression, l'on a soin de la faire en acier trempé dur, en soudant, contre la surface inférieure de la nille, un morceau d'acier assez épais, qui est ensuite trempé lorsqu'on a bien travaillé la surface concave par laquelle il doit toucher la tête du papillon.

La nille se scelle dans la meule M au moyen de ses deux cornes m', qui sont reçues, comme on le voit sur la figure 6, dans des engravures d'une largeur et d'une profondeur convenables : le scellement se fait au plâtre ou au plomb, mais il faut avoir soin de faire les engravures assez profondes pour que le centre de gravité de la meule tournante tombe un peu au-dessous de la tête du papillon, afin que la meule ait un équilibre stable dans sa suspension, et de poser la nille assez exactement pour que le sommet de la cavité par laquelle elle repose sur le papillon se trouve aussi près que possible de la verticale du centre de gravité.

Quand on a bien observé ces précautions, et quand les surfaces des meules ont été bien dressées, on peut être assuré que la meule courante accomplira ses 100 ou 120 révolutions par minute, avec une régularité parfaite, en rasant partout le plan de la meule dormante sans le choquer et même sans mordre sur ses aspérités les plus saillantes.

La taille des meules, qui est généralement adoptée aujourd'hui, est celle qui est représentée sur les figures 3 et 4.

On voit que la meule dormante G est divisée en dix secteurs un peu excentrés, et que chaque secteur contient quatre sillons parallèles et inégaux; ces sillons, qui ont tous la même largeur et la même profondeur, sont formés par un plan vertical et par un plan incliné, qui se courbe un peu pour arriver tangentiellement à la surface de la meule; la largeur totale du sillon est de 40 à 50 millimètres, et sa profondeur, au pied du plan vertical, est d'environ la dixième partie de la largeur, c'est-à-dire, d'environ 4 à 5 millimètres.

La meule courante M tourne dans le sens indiqué par la flèche; ainsi elle prend le sillon par derrière, elle force le grain de blé à remonter la pente du plan incliné pour venir s'écraser sur son bord ou sur la courbe par laquelle ce plan rejoint la partie plate de la meule dormante. Dans la figure 4, les lignes ponctuées représentent les sillons de la meule courante; on voit qu'ils sont tracés précisément de la même manière et dans le même sens que les précédens, mais, quand cette meule est retournée et mise en place, ses sillons se trouvent renversés, c'est-à-dire qu'en croisant les premiers pendant le mouvement, ils se rencontrent par leurs plans verticaux, et se quittent par leurs plans inclinés. Outre les sillons dont nous venons de parler, les meules portent encore, sur leurs parties plates, une infinité de petites tailles, très soigneusement faites avec le marteau à rhabiller, et toutes parallèles à la direction des sillons entre lesquels elles se trouvent.

Pour favoriser l'arrivée du blé entre les meules, on donne en général de l'entrure à la meule courante : pour cela, on trace une circonférence avec un rayon qui soit moitié de celui de la meule, et, à partir de cette circonférence, on enlève, en marchant vers le centre, une couche de matière proportionnellement croissante, et dont l'épaisseur soit seulement de 5 millimètres au centre lui-même. Ainsi, la surface de cette meule forme un cône, mais un cône excessivement ouvert depuis le centre jusqu'au milieu de son rayon, et, à partir de là, elle est rigoureusement plane comme la meule dormante : ce n'est qu'après lui avoir donné cette forme que l'on trace les rayons qu'elle doit avoir.

Les meules sont recouvertes par une archure octogone en bois O (fig. 3 et 6), qui s'adapte très exactement contre l'anneau en bois *o*, pareillement octogone (fig. 6), qui est fixé sur le plancher et qui entoure la meule dormante; le couvercle de l'archure est percé d'un trou rond O′ par lequel le blé arrive aux meules.

La mouture, lancée par la force centrifuge, sort également par tous les points de la circonférence par laquelle se joignent les meules; elle retombe sur l'anneau o, dans l'espace compris entre l'archure et la meule gisante, mais le vent l'entraîne vers une ouverture P (fig. 3), faite dans l'anneau et dans la couronne G'', d'où elle est conduite par une anche p, (fig. 1 et 6), dans la boîte destinée à la recevoir.

Sur le couvercle de l'archure est un rectangle en fonte r (fig. 3 et 6) supporté par quatre colonnes pareillement en fonte r'; on l'appelle quelquefois *trémion* parce qu'il est destiné à porter la trémie R et ses dépendances : ce rectangle est divisé en deux parties par une traverse s (fig. 3 et 6) qui correspond au centre des meules et qui maintient la partie supérieure de l'axe T du babillard.

Dans le mode de distribution dont il s'agit, le babillard est une pièce importante; il est représenté à part et sur une plus grande échelle dans les figures 17, 25 et 26 : son pied t, qui est convexe et à rebords inférieurs, s'adapte assez exactement sur le haut du manchon N et s'y fixe au moyen d'une goupille vissée sur le manchon; son axe T se pose sur le pied par une embase et s'y fixe au moyen d'une vis : à une hauteur convenable se trouve le frayon T', vu par le haut dans la figure 26; il peut glisser sur l'axe, mais il est arrêté en haut et en bas par des anneaux goupillés t'; enfin, à sa partie supérieure, l'axe est surmonté d'un plateau T'' (fig. 17 et 21), armé de trois dents t'' : le babillard participant au mouvement rapide de la meule courante, on maintient l'extrémité supérieure de son axe, en la faisant passer dans un trou de la traverse s, avant d'y fixer le plateau.

Voici, maintenant, les effets produits par le babillard : le blé tombe de la trémie R dans l'auget plus ou moins incliné U (fig. 6), que l'on nomme quelquefois *baille-blé*; l'un des bouts de l'auget peut tourner autour du boulon u, tandis que son autre bout, tiré vers le frayon T' par la corde V', vient s'appuyer contre le frayon. Il en résulte qu'à chaque tour de meule les trois ailes du frayon poussent trois fois l'auget, et lui font faire trois oscillations qui font brusquement avancer le blé et qui le font tomber dans l'entonnoir u' (fig. 6), d'où il arrive sur le couvercle du boîtard pour être poussé sous les meules.

Nous indiquerons encore deux autres distributeurs qui remplacent le babillard avec avantage, et qui ont été adoptés récemment dans un assez grand nombre d'usines : l'un est le distributeur de M. Conti, représenté planche 4, fig. 5 *bis*; et l'autre est celui de M. Paradis, représenté sur la même planche, fig. 5 *ter*.

Le *Distributeur-Conti* se compose : d'un tuyau en fer-blanc X, qui descend de l'étage supérieur; d'un grand entonnoir X', qui se prolonge jusque dans le trou de la meule-courante; d'un petit entonnoir intérieur x'; et d'une coupe x, qui s'ajuste, au moyen d'une vis, sur la pièce dont nous avons parlé plus haut comme formant le pied du babillard.

Le blé arrive dans une grande trémie au sortir des machines à nettoyer, et descend par le tuyau X dans l'entonnoir X', où il se trouve resserré et forcé de passer par le petit entonnoir x' pour tomber sur la coupe x ; là, il est dispersé en tout sens par le mouvement de rotation et tombe sur les bords du boîtard sans pouvoir s'accumuler contre la fusée.

Pour régler la quantité de blé qui doit être admise, on soulève plus ou moins l'entonnoir X' au moyen du levier X'', dont la position est arrêtée par l'écrou x'' ; il est clair qu'il vient d'autant plus de blé que l'extrémité de l'entonnoir X' est plus éloignée de la coupe x ; car le trou de l'entonnoir X est assez grand pour en laisser passer un peu plus qu'il n'en faut admettre.

Lorsqu'on veut repasser les gruaux, on enlève d'abord le petit entonnoir x', qui n'en laisserait pas passer une quantité suffisante, et l'on substitue encore au tuyau X un grand tuyau en toile qui ne court pas risque de s'obstruer.

Le *Distributeur-Paradis* n'est qu'un perfectionnement du précédent : au lieu de soulever tout le système des entonnoirs et du tuyau X, M. Paradis adapte au bas de l'entonnoir X' un manchon mobile Y, qui est placé plus haut ou plus bas, au moyen d'un levier analogue au levier X'' du Distributeur-Conti, suivant la quantité de blé que l'on veut admettre ; en même temps la coupe x est remplacée par un champignon y surmonté d'une tige Y', qui porte un bras incliné y' dont le mouvement conique agite le blé et prévient toute espèce d'obstruction.

Pour avertir le meunier lorsqu'il ne reste que peu de blé, on dispose au fond de la trémie R (fig. 6) un flotteur ou sabot V, attaché à une ficelle v qui maintient le levier de la sonnette s' dans la position horizontale : mais, quand le flotteur n'est plus chargé, il s'échappe, soulevé par la ficelle, et le levier de la sonnette, devenu vertical, est frappé par les trois dents t'' du plateau qui couronne le babillard.

L'obliquité de l'auget se change au moyen de la corde V' qui passe sur le rouleau v'.

RAMONERIE.

Le mécanisme de la Ramonerie est supporté par une charpente très simple qui se compose de deux pièces de bois en croix AA et A'A' (fig. 1, 2, 3 et 4; pl. 7), de quatre colonnes B, B, B', B', et d'une couronne C (fig. 1 et 3) formée de plusieurs jantes solidement assemblées entre elles. La couronne est fixée à tenon et mortaise sur les colonnes, et celles-ci sont fixées de la même manière par leur pied aux extrémités de la croix.

L'axe moteur vertical D (fig. 3), qui porte et qui met en jeu toutes les pièces de la machine, est de fer forgé; il repose, par son extrémité inférieure, sur la traverse en bois E (fig. 1, 2 et 3) qui prend ses points d'appui sur les colonnes B, B; et il est maintenu vers sa partie supérieure par la traverse en fonte F (fig. 3), qui est elle-même boulonnée par ses deux extrémités contre la paroi intérieure de la couronne C.

Comme il importe que l'axe puisse être parfaitement centré par rapport aux pièces fixes, et comme il importe aussi qu'il puisse être facilement élevé ou abaissé dans le sens de sa longueur, on dispose ses supports de la manière suivante, pour satisfaire à cette double condition : la crapaudine sur laquelle il repose, se compose, comme à l'ordinaire, d'une boîte fixe G en fonte (fig. 3, 5 et 6), d'une boîte mobile pareillement en fonte, et de la gaîne en cuivre au fond de laquelle se trouve un culot d'acier; les quatre vis *g* servent à pousser latéralement et à fixer, dans la position convenable, la boîte mobile de la crapaudine, et par conséquent l'extrémité inférieure de l'axe D; on peut aussi, en même temps, agir d'une manière analogue à sa partie supérieure, parce que la traverse en fonte F présente en son milieu un espace carré dans lequel se logent deux coussinets en cuivre ou en bois de gaïac formant collet pour retenir l'axe, et la position de ces coussinets peut être réglée par deux vis qui ne sont pas représentées sur la figure 3, parce qu'elles sont dans une ligne perpendiculaire à cette section. Voilà le moyen de centrer l'axe et de le maintenir pendant son mouvement.

Maintenant, pour l'élever ou l'abaisser dans le sens de sa longueur, on emploie une vis H (fig. 3), dont l'extrémité vient butter contre le fond de la gaîne en cuivre : c'est cette vis qui supporte véritablement tout le poids de l'axe D et des pièces dont il est chargé; par conséquent, en la tournant dans un sens ou dans l'autre, on fait monter ou descendre la gaîne en cuivre, le culot en acier et tout le système de l'axe D.

La machine pourrait être mise en mouvement par des hommes, mais, dans les moulins, elle est disposée pour recevoir l'action du moteur général au moyen des roues d'angle K, K' (fig. 1), des poulies L, L', et de l'axe horizontal M.

L'axe M (fig. 1 et 2) est supporté par deux paliers semblables *m*, *m'* : le premier fixé contre la colonne B', et le deuxième fixé contre la traverse E. A l'une de ses extrémités, il porte la poulie fixe L et la poulie folle L', et, à son autre extrémité, il porte la roue d'angle K' engrenant avec la roue plus petite K montée sur l'axe vertical D : ces deux roues engrènent toujours assez bien, quelle que soit la position que l'on doive donner à l'axe D au moyen des vis *g* ou de la vis H, parce que la machine est assez bien montée pour que ces vis ne doivent donner à l'axe D que de très petits mouvemens.

L'axe D porte un système de brosses et un ventilateur.

Le système de brosses est disposé de la manière suivante :

Une plaque circulaire en fonte NN (fig. 3, 7 et 8) porte en son milieu un trou circulaire *o* et une espèce de nille *n* par laquelle elle se fixe au moyen d'une clavette à la partie supérieure de l'axe D, mais de telle sorte que son plan soit bien perpendiculaire à l'axe; sous cette plaque s'adaptent, par des vis à bois représentées sur la figure 8, des brosses P au nombre de 18, ayant la forme de secteurs de cercle (fig. 9 et 10) et dont la réunion compose un cercle entier, débordant de sept ou huit centimètres la plaque en fonte, et laissant près du trou *o* de cette plaque un espace libre égal à ce trou lui-même; la partie des brosses qui déborde la plaque en fonte est recouverte d'une tôle piquée qui se rabat sur tout le pourtour du cercle de manière à former un cylindre qui enveloppe les soies de toutes les brosses presque jusqu'à leur extrémité (fig. 7), car les bouts des soies ne dépassent que de trois ou quatre centimètres le bord inférieur de ce cylindre : les brosses sont plantées d'une manière particulière, qui est représentée par la figure 10.

Le plan de la surface circulaire brossante s'applique sur un cercle en tôle piquée QQ, vu en plan dans la figure 4 et en section dans la figure 3; cette tôle est piquée mécaniquement par un cylindre-à-pointes; les trous sont très petits, et les bavures se trouvent du côté des brosses; on la monte d'abord sur un cadre en planche composé de deux traverses et d'un contour circulaire *qq* (fig. 3 et 4), qui se pose ensuite sur la couronne C; le cercle en tôle et son cadre sont percés tout-à-fait au bord d'une ouverture Q', à laquelle s'adapte un petit conduit *q'*.

A la partie supérieure de la plaque en fonte NN s'adapte d'abord un manchon en tôle *n'* (fig. 3) de même diamètre que l'ouverture *o*, et ensuite quatre ailettes en planche N' (fig. 3, 7 et 8) dont les extrémités sont recouvertes de tôle piquée.

Toute cette partie de la ramonerie est recouverte d'une espèce d'archure, composée : 1°. D'un cercle en bois R (fig. 1 et 3), qui s'adapte sur la couronne C et qui repose aussi sur le bord du cercle de tôle; 2°. de quatre montans *r*; 3°. d'un tambour en tôle piquée R'; 4°. d'un couvercle en bois *r'*; 5°. et d'une trémie S.

Le ventilateur, pareillement monté sur l'axe D se trouve au-dessous du système des brosses; il est vu en section horizontale dans la figure 2 et en section verticale dans la fig. 3 : son tambour en tôle T (fig. 1, 2 et 3) est supporté par quatre petits tasseaux en fer *t* (fig. 1), fixés sur les quatre colonnes B, B, B′, B′; l'air s'en échappe par l'ouverture *u* (fig. 2 et 3) pour arriver sur le plan incliné de l'anche U (fig. 1 et 3); l'ouverture d'entrée de l'air se trouve sur le fond inférieur V′ (fig. 3), tandis que le fond supérieur V est complétement fermé; il porte même un petit manchon *v*, qui environne l'axe pour empêcher la poussière de pénétrer par le petit espace qui peut rester libre entre l'axe D et le fond V. Les ailes X du ventilateur ne sont autre chose que des planches fixées sur le bois carré *x*, fig. 2, qui est lui-même fixé sur l'axe D.

L'espace qui reste libre, entre le fond supérieur V du tambour et le cercle de tôle piquée sur lequel frotte la brosse, est destiné à recevoir la poussière qui se détache du grain; on voit (fig. 1) une petite porte *y* qui sert à nettoyer de temps à autre cet espace.

Il est maintenant facile de comprendre le jeu et les effets de la Ramonerie : le blé, arrivant par la trémie S, tombe librement dans le manchon *n′*; puis il arrive sous les brosses par l'ouverture *o* de la plaque de fonte NN, car la nille *n* n'intercepte qu'une très petite partie de cette ouverture : les brosses tournant dans le sens qui est indiqué sur la figure 10, on voit que, par la manière dont elles sont plantées, elles doivent pousser le blé vers la circonférence, en lui faisant faire un grand nombre de révolutions sur lui-même et contre les bavures de la tôle piquée : il est impossible que dans ce travail, sous l'action simultanée des brosses et des pointes de tôle, il ne se dépouille pas complétement, soit des poussières qui sont adhérentes à sa surface et logées dans les plis de son enveloppe, soit des petites parcelles hétérogènes qui sont interposées seulement entre ses grains.

Le blé arrive donc, avec une surface tout-à-fait lisse et propre, à l'entrée de l'ouverture Q′ (fig. 4), pour s'échapper par le conduit *q′* (fig. 3).

S'il arrive que des grains, en plus ou moins grande quantité, tombent entre la trémie S et le manchon *n′*, ils sont battus par les ailettes N′ et balottés entre la tôle piquée de ces ailettes et la tôle piquée R′ de l'archure; leur poussière est lancée au-dehors par les ouvertures de R′, et ils retombent enfin entre le contour des brosses et le cercle R, soit pour recevoir d'une manière plus ou moins complète l'action des brosses, soit pour être amenés par le mouvement de rotation vers l'ouverture Q′, par laquelle ils s'échappent avec les premiers.

Il y a donc un courant continu de blé sortant par le conduit *q′* pour tomber dans l'anche U; c'est alors que commence l'action du ventilateur. L'air, qui sort rapidement par l'ouverture *u*, chasse, contre le plan incliné de l'anche U, le blé et tout ce qui peut se trouver encore mélangé avec lui, et ce plan est tellement combiné avec la force du vent que tout ce qui est plus léger que le bon blé se trouve lancé au-dehors en remontant le plan incliné, tandis que le blé, et tout ce qui est plus lourd que lui, retombe dans l'anche en descendant le même plan.

Quand le blé est extrêmement sale, il est à propos de le faire passer deux fois dans la Ramonerie.

Cette machine n'exige que la force de 2 hommes; sa vitesse doit être de 200 à 220 tours par minute; son produit est de 6 hectolitres; elle coûte 640 francs; et sa durée est très grande, car, si l'on a soin de bien mettre la brosse à son point, de manière qu'elle n'appuie pas trop fortement sur la tôle piquée, elle pourra travailler d'une manière continue pendant dix-huit mois avant d'être renouvelée.

COMPRIMEUR.

La machine à laquelle on a donné le nom de *Comprimeur* sert en même temps à pulvériser les corps étrangers contenus dans le blé et à aplatir le blé lui-même sans le diviser. C'est une espèce de laminoir composé de deux cylindres en fonte, dont on règle l'écartement avec assez de précision pour qu'il puisse remplir ce double but.

Le bâti du Comprimeur est composé de quatre colonnes A, en bois de chêne, reliées entre elles par des traverses ou entretoises B, B', comme on le voit sur les figures 1, 2 et 3 (pl. 8).

La fig. 1 est une élévation du comprimeur,

La fig. 2 une section perpendiculaire aux cylindres,

La fig. 3 une section suivant l'axe du cylindre C' (fig. 2).

Le premier cylindre ou le cylindre-moteur C (fig. 2) est représenté à part, et en coupe, dans la figure 4. Son axe D porte à un bout la roue d'angle *d* qui lui donne le mouvement, et à l'autre bout le pignon *d''* qui commande tout l'appareil de distribution, comme nous le verrons plus loin.

Le second cylindre C' (fig. 2 et 3) est tout-à-fait pareil au premier, si ce n'est que son axe D' ne se prolonge pas au-dehors de ses coussinets et ne porte par conséquent ni roue d'angle analogue à *d* ni pignon analogue à *d''*.

Le mouvement se communique, du premier cylindre au second, au moyen des roues dentées égales E et E' (fig. 1); l'une de ces roues est représentée à part dans les figures 8 et 9, c'est un simple anneau portant huit pattes intérieures *e* qui se boulonnent contre l'une des bases du cylindre. Les très petites variations de distance qui peuvent, suivant les circonstances, exister entre les deux cylindres, n'empêchent pas les deux roues E et E' d'engrener suffisamment bien et de leur communiquer des vitesses égales. Les axes D et D', du premier et du second cylindre, reposent sur des coussinets en cuivre ajustés dans des paliers ordinaires F et F' (fig. 1), et ces paliers se fixent sur les traverses B du bâti (fig. 1, 2 et 3). Les paliers F du cylindre moteur C sont fixés à demeure, mais les paliers F' du second cylindre doivent être mobiles pour que l'on puisse mettre les cylindres au point et régler à volonté leur écartement. Il suffit pour cela que les deux boulons *f'* de chacun des paliers F' aient un peu de jeu dans leurs trous, car on fera avancer ou reculer les paliers suivant le besoin, et l'on ne serrera les écrous qu'après les avoir amenés au point convenable. Pour donner encore plus de fixité aux deux cylindres, on adapte aux paliers F et F' des vis buttantes G et G' (fig. 1 et 2), dont les écrous sont en *g* et *g'* (fig. 2); ces vis soutiennent une partie de l'effort que font les cylindres pour s'écarter davantage pendant le travail, et en même temps elles mènent, au moyen des oreilles goupillées h et h', les deux planches H et H' qui viennent frotter contre les surfaces des cylindres pour en détacher les grains, la terre ou le sable, que la pression peut y rendre adhérens.

Le blé n'arrive au Comprimeur qu'après avoir déjà subi l'action de toutes les autres machines à nettoyer, et c'est au sortir de la dernière de ces machines qu'il tombe dans la grande trémie K (fig. 1, 2 et 3) pour être distribué, comme nous allons le voir, aux deux cylindres C et C'.

Le système de distribution est supporté par deux pièces de fonte I (fig. 1 et 3), fixées comme les paliers sur les deux traverses opposées B; de toutes les parties qui le composent, la plus importante est le cylindre cannelé M, vu en coupe dans la figure 2 et représenté à part dans les figures 5 et 6. Ce cylindre présente diverses gorges m' qui sont tracées à égale distance sur son contour, et qui le divisent en autant de parties égales qu'il y a de paires de meules auxquelles le Comprimeur doit fournir le grain. Il y a ici quatre divisions, parce que le Comprimeur alimente quatre paires de meules. Les cannelures, au contraire, s'étendent longitudinalement; elles doivent être rapprochées et peu profondes; on en compte 40 pour la circonférence entière, qui est de 30 à 32 centimètres. L'axe m de ce cylindre (fig. 1 et 3) repose sur des coussinets en cuivre, au fond des longues fentes que les supports I présentent à leur partie supérieure, et il se prolonge d'un côté pour porter la roue dentée m'' (fig. 3 et 5). Un petit engrenage intermédiaire, composé des deux roues inégales n', n'' montées sur le même axe n (fig. 3), sert à transmettre le mouvement du pignon d'' à la roue m' et par conséquent au cylindre cannelé ou distributeur M.

Les roues m'' et n'' ont 70 dents,

Les roues n' et d'' ... 30 *Id.*;

Ainsi, le distributeur M fait seulement neuf tours pendant que les cylindres C et C' en font 49. La vitesse absolue des cylindres C et C' étant de 30 tours par minute, on voit que chaque partie du distributeur M doit en 5 tours $\frac{1}{2}$ fournir à sa paire de meules la quantité de blé qui est nécessaire pour l'alimenter pendant une minute, c'est-à-dire 1 kilog. si les meules peuvent moudre 1 kilog. par minute.

Il nous reste à voir maintenant comment l'on empêche le mélange des quantités de blé qui sont destinées à chaque paire de meules, et comment l'on parvient à régler aisément la juste proportion que la partie correspondante du distributeur doit lui fournir.

Au fond de la grande trémie K sont adaptés quatre tuyaux en fer-blanc pareils à celui qui est vu en O (fig. 2), chacun d'eux portant à sa partie supérieure un petit registre o qui s'ouvre ou se ferme pour laisser tomber le blé quand la paire de meules est en activité, et pour l'empêcher de tomber quand elle est en repos ou en rhabillage. Au sortir de ces tuyaux, le blé arrive dans la petite trémie P (fig. 2), dont les deux bouts sont des planches épaisses p (fig. 3) fixées par des vis à la partie supérieure des supports I : cette trémie est à quatre compartimens, correspondant chacun à l'un des tuyaux O; sa paroi postérieure affleure par son bord la surface du cylindre M, tandis que sa paroi antérieure n'arrive qu'à quelques centimètres de cette surface afin que le blé puisse passer. Les cloisons, qui forment les compartimens de la trémie P, viennent s'engager dans les gorges m' du distributeur, puis elles se continuent jusqu'aux 4 tuyaux inférieurs O′ (fig. 1 et 3), c'est-à-dire qu'il y a, au-dessus et au-dessous des cylindres C et C′, des planches q et q' qui sont taillées suivant la courbure de ces cylindres et qui se prolongent entre eux presque jusqu'à l'endroit où ils sont le plus rapprochés; l'une des planches supérieures q et l'une des planches inférieures q' se voient en élévation dans la figure 2; les premières sont fixées contre la paroi antérieure de la trémie P, tandis que les dernières sont fixées contre les planches r', r' qui forment la trémie inférieure R dans laquelle tombe le blé après avoir subi l'action des cylindres C et C′. Le fond S de cette trémie, vu en coupe (fig. 2), porte les 4 tuyaux O′, par lesquels le blé est transmis aux meules.

Pour séparer tout ce qui a été écrasé et pulvérisé par les cylindres, on adapte à la trémie R deux toiles métalliques r, r (fig. 2 et 3), faisant l'office de crible : celle de droite, qui est presque verticale, laisse échapper la poussière volante; et celle de gauche, qui est très inclinée, laisse passer la terre, le sable et la farine des grosses graines, qui peuvent encore souiller le blé lorsqu'il arrive au Comprimeur. Ces derniers produits tombent dans une arche ou tiroir t (fig. 2 et 3), tandis que le blé glisse sur la toile métallique, arrive au fond de la trémie et gagne l'ouverture du tuyau qui le conduit aux meules.

Le Comprimeur étant généralement placé très loin des meules, et surtout très loin des anches par lesquelles tombe la mouture, il faut y adapter un mécanisme au moyen duquel le meunier puisse immédiatement, sans quitter les anches, augmenter ou diminuer à volonté la quantité de blé que le Comprimeur donne à chaque paire de meules. Ce mécanisme est très simple : c'est une vis en fer v, arrêtée dans deux collets v', et dont la tête forme une espèce de tambour x sur lequel passent deux tours d'une corde sans fin y, qui est amenée par des poulies de renvoi jusque auprès des anches, où elle porte une poulie mobile y' chargée d'un poids; cette poulie mobile et le poids qui la charge sont représentés à part en y' (fig. 7); l'écrou z' de la vis v (fig. 1, 2 et 3) passe dans une fenêtre ménagée à cet effet dans la paroi antérieure de la trémie P, et là il est fixé à une feuille de tôle ou à un registre z (fig. 2) qui monte et qui descend avec lui. Il suffit donc de faire tourner la tête x de la vis v dans un sens ou dans l'autre pour soulever ou abaisser le registre z, pour élargir ou rétrécir l'espace par lequel le distributeur donne le blé au Comprimeur, et par conséquent pour augmenter ou diminuer la quantité de blé qui arrive aux meules. Or, rien n'est plus facile que de produire les effets contraires, en agissant sur les deux cordons qui passent sur la poulie y', qui se trouve sous la main du meunier.

LÉGENDE DES PLANCHES 1 ET 2.

Pl. 1. Plan général du bâtiment du moulin et des chaudières à vapeur ;

La figure 2 représente la coupe verticale du bâtiment des chaudières;

La figure 3, la coupe horizontale des fourneaux faite entre les chaudières et les houilleurs, suivant les lignes 1-2.

Pl. 2. Coupe verticale faite suivant la longueur du bâtiment.

A, Pl. 1, fig. 1, 2 et 3. Chaudières à vapeur.

a, cheminée.

B, pl. 1 et 2. Machine à vapeur.

b, tuyau qui conduit la vapeur des chaudières à la machine.

b', tuyau d'alimentation au moyen duquel les eaux de condensation sont refoulées dans les chaudières.

C, volant.

c, axe du volant.

D, roue dentée droite, montée sur l'axe du volant, et destinée à communiquer le mouvement.

d, manivelle montée à l'extrémité de l'axe du volant et au moyen de laquelle la bielle du balancier lui donne le mouvement.

E, cylindres écraseurs, pour les graines oléagineuses.

e, pignon au moyen duquel la roue D donne le mouvement aux cylindres E.

F, grand arbre de transmission de mouvement.

f, pignon droit monté sur l'axe F, et recevant le mouvement de la roue D du volant.

G, meules accouplées de l'huilerie.

g, roues d'angle montées sur l'arbre F et donnant le mouvement aux meules.

g', Manchon d'embrayage pour ôter ou pour donner le mouvement à l'huilerie.

H, pl. 1. Arbre horizontal des presses et des chaudières.

h, poulie qui prend le mouvement sur l'arbre F pour le donner à l'arbre H.

h', poulie ou petit tambour qui correspond à la poulie *h*.

I, presses de l'huilerie.

i, roues d'angle qui donnent le mouvement aux agitateurs des chaudières.

i', poulies au moyen desquelles les presses I reçoivent le mouvement de l'arbre H.

J, grand rouet.

j, axe vertical du grand rouet.

j', poulie montée sur l'axe *j*, pour donner le mouvement au récipient ou refroidisseur L.

K, pl. 2. Grande trémie donnant le blé aux six paires de meule.

L, canal circulaire d'un grand diamètre, tournant continuellement sur lui-même, et destiné à recevoir la mouture des 6 paires de meule.

l, anche au moyen de laquelle la mouture arrive du récipient L à la noria L' qui s'élève au 4e étage.

M', pl. 2. Arbre vertical qui mène tous les tarares, leurs cribles et le crible inférieur *m*. Cet arbre reçoit le mouvement de l'arbre horizontal N.

m, grand crible dans lequel tombe le blé après être descendu dans tous les tarares.

m', tarares disposés au-dessus les uns des autres dans les différens étages.

N, arbre horizontal recevant le mouvement de la roue d'angle N' au moyen d'un arbre horizontal secondaire très court, qui n'est pas figuré sur les planches; l'arbre N donne le mouvement aux bluteries, à la noria L' qui élève la mouture, et à la noria *n* qui remonte le blé.

N', pl. 2. Roue d'angle qui termine à sa partie supérieure l'arbre *j* du grand rouet J.

n, noria qui élève le blé lorsqu'il est descendu en parcourant successivement tous les cribles et tous les tarares.

P, arbre vertical portant à son sommet la roue d'angle *p*.

p, roue d'angle qui donne le moument au tire-sac.

Q, sac qui est monté à l'étage supérieur du moulin.

q, tambour sur lequel s'enroule la corde du tire-sac.

Q', poulie de renvoi du tire-sac.

q', corde du tire-sac.

r, tuyaux portant le blé de la trémie K aux distributeurs R.

R, Distributeurs qui donnent le blé aux six paires de meules.

LÉGENDE DES PLANCHES 3, 4, 5 ET 6.

A, fig. 1, pl. 3 : roue hydraulique.

a, axe de la roue hydraulique.

a', *a'* : les deux paliers de l'axe de la roue hydraulique.

A', grand rouet droit monté à l'extrémité de l'axe *a*.

B, fig. 1 et 2 : grand rouet conique monté sur l'axe *b*.

b, axe horizontal en fonte portant le grand rouet conique B, et le pignon droit B' qui est commandé par le rouet A'.

B', pignon droit monté sur l'axe *b* et mené par le grand rouet A'.

b', *b'* : les deux paliers de l'axe *b*.

C, fig. 2 et 6 : grand rouet droit ou hérisson monté sur l'axe *c*; c'est le rouet dont on voit seulement le contour sur la figure 1re; il commande les trois pignons des trois meules tournantes, dont on voit pareillement la position et le contour sur la figure 1re.

c, fig. 1 et 2 : arbre vertical portant le grand rouet C et le pignon d'angle C' par lequel il reçoit le mouvement; cet arbre reçoit des prolongemens successifs par lesquels il s'élève jusqu'aux étages supérieurs pour distribuer partout la force motrice nécessaire aux diverses machines.

C', fig. 1, 2 et 6 : pignon d'angle monté sur l'arbre *c*.

c', fig. 2 et 6 : Boîte fixe de la crapaudine qui porte l'extrémité inférieure de l'arbre *c*.

C″, fig. 3 et 5 : Collet en fonte solidement boulonné contre la traverse en bois *e* du premier plancher ; l'arbre *c* le traverse ; les trois vis c'' poussent trois coussinets mobiles qui appuient contre cet arbre, et qui servent en même temps à le maintenir et à le centrer.

D, fig. 2 et 6 : Grand arceau en fonte sur lequel repose l'extrémité inférieure de l'arbre *c*; la boîte fixe c' de la crapaudine fait corps avec lui.

dd, figures 1 et 2 : Plaque en fonte très épaisse formant la base de l'arceau D.

D′, fig. 2 et 6 : Forte vis qui traverse en même temps la base de l'arceau D et son sommet ou le fond de la boîte c'; c'est sur son extrémité supérieure que repose la gaîne de la crapaudine, et par conséquent tout le poids de l'arbre *c*; son extrémité inférieure reçoit un écrou d', qu'il suffit de faire tourner dans un sens ou dans l'autre pour élever ou abaisser l'arbre *c*, car, cet écrou repose sur la base de l'arceau et la vis D′ a une languette qui l'empêche de tourner.

d', écrou qui termine la vis à languette D′.

D″, fig. 1 et 2 : Massif en pierre sur lequel repose l'arceau D ; on en voit la forme sur la figure 1, et la saillie sur la figure 2.

E, E, fig. 3 : Deux grandes poutres du beffroi, supportant deux paires de meules.

e, l'une des traverses qui rejoignent les poutres E, E ; elle porte le collet en fonte C″ de l'arbre principal.

E′, E′ : Deux autres poutres parallèles entre elles et perpendiculaires aux premières, destinées à porter la paire de meules antérieure.

e', e' : Les deux traverses qui rejoignent les poutres E′, E′.

F, fig. 1 et 6 : Massifs en pierre de taille supportant les colonnes du beffroi.

f, socles des colonnes f'.

F′, fig 6 : Entablement des colonnes f'.

f', colonnes creuses en fonte reposant sur les massifs F et supportant le plancher du beffroi au moyen de l'entablement F′.

G, fig. 3 et 6 : Meule dormante.

G′, fig. 3 et 3 *bis* : Plaques en fonte sur lesquelles reposent les meules.

g', vis qui servent à élever ou à abaisser les plaques G′ pour mettre les meules de niveau.

G″, fig. 2 et 6 : Grande couronne en bois portant des vis g'' pour centrer les meules dormantes.

g'', vis dont les écrous sont fixés dans la couronne G″ : elles servent à pousser les meules d'un côté ou de l'autre pour les centrer.

H, fig. 6, 7, 9 et 17 : Axe ou gros fer des meules tournantes.

h, fig. 6 : Fusée de l'axe *h*, ou portion de cet axe qui traverse le boîtard.

h', fig. 6 et 17 : Papillon ou sommet conique de l'axe au-dessus duquel s'ajuste la tête du papillon.

H′, lanterne montée sur l'axe H.

H″, fig. 6, 7, 9 et 11 : Manchon qui porte la lanterne.

h'', fig. 6, 7, 9, 12 et 13 : Écrou en cuivre supportant le manchon H' et servant à le faire monter pour débrayer.

I, fig. 6, 7, 8 et 9 : Crapaudine de l'axe H.

i, vis qui servent à centrer l'axe H en donnant un mouvement latéral à la gaîne de la crapaudine.

I', fig. 7, 9 et 10 : Vis qui porte le poids de l'axe H et de la meule.

i', fig. 9 : Roue dentée servant d'écrou au boulon I'.

i'', fig. 6, 7, 8 et 9 : Vis sans fin engrenant dans l'écrou i'.

I'', cercles qui sont aux extrémités de la vis sans fin i'' pour la faire marcher.

J, J ; J', J', fig. 7, 8 et 9 : Double arceau en fonte boulonné contre les socles *f* des colonnes et destiné à supporter le poids de l'axe H et de sa meule.

j, nervure inférieure de l'arc J, J du double arceau.

j', nervure supérieure du même arc.

K, fig. 6, 22, 23 et 24 : Boîtard.

k, oreilles du boîtard.

k', fig. 6, 22 et 23 : Cloison transversale du boîtard.

K', fig. 4 : Sillons de la meule gisante.

K'', sillons de la meule courante.

L, fig. 22 et 23 : Coussinets en cuivre logés dans trois compartimens du boîtard ; ils servent à maintenir l'axe H.

L', coins en fer au moyen desquels on peut serrer ou desserrer les coussinets L.

l', fig. 22 : Longues queues fixées aux coins L' et au moyen desquelles on les fait marcher.

l'', fig. 6 et 22 : Écrous des queues l'.

M, fig. 6 : Meule courante.

m, fig. 6, 16, 17 et 21 : Nille scellée dans la meule courante ; elle repose sur la tête du papillon, et elle est mise en mouvement par le manchon N.

m', m', fig. 17 : Cornes de la nille, qui servent à la sceller dans les engravures pratiquées dans l'œillard de la meule courante.

N, fig. 17, 18, 19 et 20 : Manchon qui reçoit le mouvement de l'axe H pour le communiquer à la nille.

n, fig. 17, 18 et 19 : Entaille du manchon N dans laquelle se loge la nille.

n', fond de l'entaille *n*.

O, fig. 3 et 6 : Archure qui couvre les meules.

o, anneau en bois qui ceint la meule dormante et qui reçoit l'archure.

O', ouverture circulaire dans le couvercle de l'archure.

P, fig. 3 : Ouverture pratiquée dans l'anneau *o* et dans la couronne G'' pour donner issue à la monture.

p, fig. 1 et 6 : Anches destinées à recevoir la mouture.

R, fig. 3 et 6 : Trémies dans lesquelles arrive le blé, lorsque la distribution se fait au moyen d'un auget.

r, trémion.

r', colonnes du trémion.

s, traverse du trémion.

s', sonnettes.

T, fig. 6 et 17 : Axe du babillard.

t, fig. 6, 17 et 26 : Pied du babillard.

T', frayon monté sur l'axe du babillard.

t', anneaux goupillés qui fixent le frayon à une hauteur convenable.

T'', fig. 6, 17 et 25 : Plateau monté au sommet de l'axe du babillard.

t'', dents du plateau T'', elles frappent le levier de la sonnette quand le flotteur l'a laissé descendre en se soulevant.

U, fig. 6 : Auget où baille-blé.

u, boulon autour duquel oscille l'auget U.

u', entonnoir qui reçoit le blé au sortir de l'auget.

V, flotteur ou sabot.

v, cordelette fixée au sabot V par un de ses bouts, tandis que l'autre est attaché au petit levier de la sonnette *s'*.

V', corde qui sert à incliner plus ou moins l'auget U, et qui, en même temps, lui sert de ressort.

v', fig. 3 et 6 : rouleau à vis sur lequel passe la corde V'.

X, fig. 5 *bis* : Tuyau en tôle ou en fer-blanc, venant de la trémie et aboutissant à l'entonnoir X'.

X', entonnoir en tôle recevant le grain du tuyau X ; il se fixe au levier X'' par une petite embase.

x, capsule fixée au pied du babillard, et qui remplace dans le système *Conti* l'axe du babillard le frayon, etc.

x', engreneur ou petit entonnoir contenu dans l'intérieur du grand entonnoir X'.

X'', levier supportant l'entonnoir X' : l'un de ses bouts est supporté par une petite tringle en fer taraudée sur une certaine longueur, et l'autre bout est attaché à un petit pied par une goupille autour de laquelle il peut tourner.

x'', écrou de la petite tringle de fer ; il est entaillé dans le plancher.

Y, fig. 5 *ter* : Manchon mobile en tôle, remplaçant l'entonnoir X' sur le levier X'', dans le système *Paradis*.

y, champignon remplaçant la capsule *x* dans le même système.

Y', tige surmontant le champignon *y*.

y', bras incliné et fixé à la tige Y'. Le mouvement conique de ce bras incliné prévient tout engorgement.

LÉGENDE DE LA PLANCHE 7.

AA, A'A', figure 1, 2, 3 et 4. Deux pièces de bois, assemblées en croix, formant la base du bâti de la ramonerie.

B, B, B', B' : Quatre colonnes en bois qui s'élèvent des extrémités des pièces AA et A'A'.

C, fig. 1, 3 et 4. Couronne en bois supportée par les sommets des 4 colonnes B, B, B', B'.

D, fig. 3. Axe vertical en fer forgé, communiquant le mouvement à toute la Machine.

E, traverse en bois fixée par ses deux bouts dans les colonnes B, B (comme on le voit fig. 1), servant à supporter l'extrémité inférieure de l'axe D.

F, traverse en fonte, boulonnée par ses deux bouts contre la paroi intérieure de la couronne C, et servant à maintenir la partie supérieure de l'axe D.

G, fig, 3, 5 et 6. Crapaudine dans laquelle repose l'extrémité inférieure de l'axe D.

g, quatre vis servant à pousser latéralement et à maintenir dans la position convenable la boîte mobile de la crapaudine, la gaîne en cuivre, et par conséquent l'extrémité inférieure de l'axe D.

H, fig. 3. Vis qui supporte toute la partie mobile de la crapaudine et qui sert par conséquent à élever ou à abaisser l'axe D dans le sens de sa longueur.

K, fig. 1 et 3. Roue d'angle montée sur l'axe D.

K', fig. 1. Roue d'angle montée sur l'axe horizontal M et engrenant avec la roue K.

L, poulie-fixe montée sur l'axe horizontal M.

L', poulie-folle montée sur le même axe M.

M, fig. 1. Axe horizontal, recevant le mouvement du moteur au moyen de la poulie L, et le communiquant à l'axe D.

m, *m'* : les deux paliers de l'axe M.

NN, fig. 3 et 8. Plaque circulaire en fonte portant un trou circulaire *o*, et une nille *n* par laquelle elle se monte à l'extrémité supérieure de l'axe D.

n, nille de la plaque NN.

N', fig. 3, 7 et 8. Quatre ailettes en planche adaptées sur la plaque en fonte NN ; leurs extrémités sont recouvertes de tôle piquée.

n', fig. 3. Manchon en tôle adapté sur la plaque NN, et servant à conduire le blé sous les brosses.

o, ouverture circulaire de la plaque NN.

P, fig. 9 et 10. Une des 18 brosses qui s'adaptent sous la plaque NN et qui par leur réunion forment un cercle entier.

QQ, fig. 3 et 4. Cercle en tôle piquée, composé de deux pièces.

qq, portion circulaire du cadre qui porte le cercle QQ.

Q', ouverture ménagée au bout du cercle QQ et de son cadre.

q', petit conduit qui s'adapte à l'ouverture Q'.

R, fig. 1 et 3. Cercle en bois adapté sur la couronne C et contre lequel se cloue le tambour en tôle R'.

r, quatre montans qui lient le cercle R avec le couvercle *r'*.

R', tambour en tôle piquée ; les bavures sont en-dedans.

r', Couvercle supérieur de la Ramonerie ; il est percé d'un trou carré pour recevoir la trémie S.

S, trémie qui amène le blé à la Ramonerie.

T, fig. 1, 2 et 3. Tambour du ventilateur.

t, fig. 1. L'un des 4 tasseaux qui supportent le tambour du ventilateur.

U, fig. 1, 2 et 3. Anche destinée à recevoir le grain pour le conduire à l'étage inférieur.

u, ouverture latérale du tambour du ventilateur par laquelle s'échappe l'air.

V, fig. 3. Fond supérieur du ventilateur.

v, manchon adapté autour de l'axe entre le fond V et la traverse en fonte F pour empêcher la poussière de pénétrer dans le tambour du ventilateur, et surtout de se loger entre les coussinets dans la traverse F.

V′, fond inférieur du ventilateur; il est percé d'une grande ouverture circulaire par laquelle se fait l'aspiration de l'air.

X, fig. 2. Ailes du ventilateur.

x, pièce de bois carrée, fixée sur l'axe D et portant les ailes X.

y, fig. 1. Porte par laquelle on nettoie l'espace dans lequel tombe la poussière qui se détache du grain.

LÉGENDE DE LA PLANCHE 8.

A, fig. 1, 2 et 3 : Colonnes du bâti.

B, traverses portant les paliers des cylindres.

B′, traverses obliques.

C, C′ : les deux cylindres en fonte du comprimeur.

D, D′ : les axes des cylindres C et C′.

d, fig. 4 : Roue d'angle montée sur l'axe D et donnant le mouvement au comprimeur.

d″, pignon monté sur l'axe D et transmettant le mouvement au cylindre cannelé qui distribue le blé aux cylindres C et C′.

E, fig. 8 et 9 : L'une des deux roues dentées E, E′ (fig. 1) par lesquelles les cylindres prennent un mouvement commun.

e, *e′* : pattes au moyen desquelles les roues E et E′ se boulonnent sur leurs cylindres.

F, fig. 1 : L'un des paliers du cylindre C.

F′, L'un des paliers du cylindre C′.

f, *f′* : boulons qui servent à fixer les paliers F′ dans une position convenable.

G, G′, fig. 1 et 2 : Vis butantes du premier et du second cylindres.

g, *g′* : Écrous des vis G et G′.

H, H′ : planches formant des espèces de racles qui détachent tout ce qui pourrait rester adhérent à la surface des cylindres.

h, *h′* : oreilles goupillées par lesquelles les vis G et G′ mènent les planches H et H′.

I, fig. 1 et 3 : Deux supports en fonte qui sont destinés à porter tout le système de distribution.

K, fig. 1, 2 et 3 : Grande trémie supérieure.

M, fig. 2, 3, 5 et 6 : Cylindre cannelé ou distributeur qui amène le blé aux cylindres comprimeurs.

m, Axe du distributeur.

m′, fig. 5 : Gorges tracées sur le distributeur ; elles correspondent aux cloisons qui séparent le blé de chaque paire de meules.

n, fig. 3 : Axe qui porte les deux roues intermédiaires *n′*, *n″*.

n′ et *n″* : deux roues dentées faisant corps ensemble et montées sur l'axe *n*.

O, fig. 1, 2 et 3 : Tuyaux par lesquels le blé tombe de la grande trémie K dans les divers compartimens de la trémie P.

o, registre qui sert à fermer l'entrée des tuyaux O.

O′, tuyaux par lesquels le blé sort de la trémie inférieure R pour aller aux meules.

P, fig. 1, 2 et 3 : Petite trémie ayant autant de compartimens que le comprimeur doit alimenter de paires de meules.

p, fig. 3 : Planches épaisses formant les bouts de la trémie P.

q, cloisons disposées au-dessus des cylindres.

q′, cloisons disposées au-dessous des cylindres dans la trémie inférieure R.

R, trémie inférieure dans les divers compartimens de laquelle tombe le blé destiné à chaque paire de meules.

r, *r* : deux toiles métalliques adaptées à la trémie R.

r′, *r*′ : planches formant les parties supérieures des parois de la trémie R.

S, fond de la trémie R portant les quatre tuyaux O′.

t, arche ou tiroir dans lequel tombent les poussières qui ont traversé la toile inclinée.

v, fig. 1, 2 et 3 : Vis servant à régler la distribution.

v′, collets de la vis *v*.

x, tambour formant la tête de la vis *v*.

y, corde sans fin faisant deux tours sur le tambour *x* ; elle est conduite par des poulies de renvoi jusqu'auprès des anches, où elle porte la poulie mobile *y*′.

y′, fig. 7 : Poulie mobile chargée d'un poids, et portant la corde qui sert à régler la distribution.

z′, écrou de la vis *v*.

z, registre en tôle fixé à l'écrou *z*′ et servant par ses mouvemens à régler la distribution.

LISTE
DES BREVETS

QUI ONT ÉTÉ ACCORDÉS

EN FRANCE,

PENDANT LE PREMIER TRIMESTRE DE 1835.

1°. — M. CAIMAN-DUVERGER, de Soissy-sous-Etiole, ayant domicile à Paris, rue du Petit-Musc, hôtel de la Herse-d'Or;
Brevet d'*Invention* de 5 ans, le 6 janvier,
Pour un nouveau genre de *Ressort* qu'il nomme Ascos.

2°. — M. CABROL, rue des Filles-Saint-Thomas, hôtel d'Angleterre, à Paris;
Brevet d'*Invention* de 15 ans, le 6 janvier,
Pour l'*Établissement de Foyers quelconques dans l'intérieur des porte-vents des Machines-Soufflantes, et la Projection d'Air décomposé, d'Oxide de carbone et autres gaz, dans les bouches à feu soufflées par ces machines.*

3°. — M. SELLIGUE, Ingénieur-Mécanicien, cour des Petites-Écuries, n. 2, à Paris;
Troisième brevet de *Perfectionnement* et d'*Addition*, le 6 janvier, à son brevet d'*Importation* et de *Perfectionnement* de 15 ans, du 30 juin 1834,
Pour un nouveau *Gaz-d'Éclairage* et pour l'*application du gaz hydrogène au Chauffage.*

4°. — M. CLOSTRE, Fabricant de Tubes, rue Basse-Saint-Pierre, n. 2, à Paris;
Brevet de *Perfectionnement* et d'*Addition*, le 6 janvier, à son brevet d'*Invention* du 11 décembre 1834,
Pour un nouveau genre de *Tubes-Moulures en cuivre et autres métaux.*

5°. — M. PRAESCHEL, Tapissier, quai Napoléon, n. 23, à Paris;
1°. Brevet d'*Invention* de 5 ans, le 6 janvier,
Pour la *Fabrication d'un nouveau Crin* dit Crin-végétal, et pour l'*Application de ce crin à tous les usages que l'on peut faire du crin ordinaire de la laine;*
2°. Brevet de *Perfectionnement* et d'*Addition* à ce titre.

6°. — M. TRIPOT, Fabricant de Papiers de fantaisie, rue des Rosiers, n. 34, à Paris;
Brevet d'*Invention* de 5 ans, le 16 janvier,
Pour une *Machine destinée* à *Préparer le Chiffon pour en faire des Papiers et autres applications.*

7°. — MM. FRANÇOIS *frères*, Négocians à Nantes (Loire-Inférieure):
Brevet de *Perfectionnement* et d'*Addition* le 9 janvier, à leur brevet, d'*Invention* de 10 ans, du 22 novembre 1834,
Pour un *Instrument propre à la Pêche de la Baleine*, et qu'ils nomment Fusil-Harpon.

8°. — M. BOUYON, place Dauphine, n. 6, à Paris;
Brevet de *Perfectionnement* et d'*Addition*, le 9 janvier, à son brevet d'*Importation* de 15 ans, du 14 septembre 1833,
Pour une *Machine hydraulique à force centrifuge.*

9°. — M. S. WOLFF, Négociant, rue Vivienne, n. 14, à Paris;
Brevet d'*Importation* de 10 ans, le 9 janvier,
Pour un *Système de Chauffage à l'esprit-de-vin, propre à chauffer dans un instant une chambre quelconque*, et qu'il nomme POÊLE PORTATIF DE CHAMBRE ET DE VOYAGE.

10°. — M. CHERONNET, Constructeur, rue Saint-Honoré, n. 354, à Paris;
Brevet d'*Invention* de 10 ans, le 9 janvier,
Pour un *Ventilateur désinfectant les fosses, puisards, égoûts, cours, ateliers, escaliers, écuries, etc.;* également propre à *détruire l'humidité, à purifier et assainir les appartemens, magasins, casernes, prisons, etc.*

11°. — M. CHARRIÈRE, Fabricant d'Instrumens de Chirurgie, rue de l'École-de-Médecine, n. 7 *bis*, à Paris;
Brevet d'*Invention* et de *Perfectionnement* de 5 ans, le 9 janvier,
Pour des *Perfectionnemens apportés aux Instrumens de Chirurgie destinés à opérer des sections et des incisions sur les parties osseuses.*

12°. — MM. DOUTÉ et MERCIER, à Louviers (Eure);
Brevet d'*Invention* de 5 ans, le 9 janvier,
Pour une *Machine à l'aide de laquelle on obtient des loquettes ou boudins-continus.*

13°. — MM. BECKER et Compagnie, à Strasbourg (Bas-Rhin);
Brevet de *Perfectionnement* et d'*Addition*, le 9 janvier, à leur brevet d'*Invention* de 10 ans, du 20 septembre 1833,
Pour une *Pompe à rotation et à cylindres excentriques.*

14°. — M. BOBOEUF, Employé au ministère de l'intérieur, rue des Martyrs, n. 27, à Paris;
Brevet d'*Invention* et de *Perfectionnement* de 10 ans, le 9 janvier,
Pour un *Procédé propre à mettre en relief toute espèce de Gravure en creux, avec une saillie suffisante pour être Imprimée par la presse typographique; applicable à la musique, à la réglure de musique, à l'impression sur étoffes et sur papiers, etc.*

15°. — M. LEMOLT, rue Saint-Honoré, n. 33, à Paris;
Brevet d'*Invention* et de *Perfectionnement* de 5 ans, le 14 janvier,
Pour la *Composition de Vins minéraux, de Bussang, de Seltz et de Vichy.*

16°. — M. DIZI, Professeur de Harpe, rue Cadet, n. 9, à Paris;
Brevet d'*Invention* et de *Perfectionnement* de 15 ans, le 14 janvier,
Pour un nouveau *Système de Piano.*

17°. — M. MADDEN, ayant domicile à Paris chez M. *Labarth*, rue Grange-Batelière, n. 2;
1°. Brevet d'*Invention* de 10 ans, le 14 janvier,
Pour une *Machine à draguer* qu'il nomme *Charrue hydraulique;*
2°. Brevet de *Perfectionnement* et d'*Addition* à ce titre.

18°. — M. DUBOST, place Louis XVIII, n. 29, à Lyon (Rhône);
Brevet d'*Invention* de 15 ans, le 17 janvier,
Pour des *Procédés convenables à la fabrication du Sulfate de Magnésie, pour être employé à faire un Alun à base d'alumine et de magnésie.*

19°. — M. BOUCHET, à Montendre, arrondissement de Jonzac (Charente-Inférieure);
Brevet d'*Importation* et de *Perfectionnement* de 10 ans, le 17 janvier,
Pour un *Procédé de fabrication de Chapeaux* dits *de la Havane, de Manille, du Mexique, de Gayapile, etc.*

20°. — M. HERVIEUX, quai Dugay-Trouin, n. 11, à Nantes (Loire-Inférieure);
Brevet d'*Invention* de 15 ans, le 20 janvier,
Pour une *Machine à force motrice*, qu'il nomme MOTEUR-HERVIEUX.

21°. — M. PERPIGNA, rue de Choiseul, n. 4, à Paris;
Brevet d'*Importation* et de *Perfectionnement* de 15 ans, le 20 janvier,
Pour certaines *Dispositions mécaniques s'appliquant aux Remorqueurs ou Locomoteurs à vapeur marchant sur des routes ordinaires, et à l'aide desquelles on peut leur imprimer un mouvement pro-*

gressif et rapide sur des terrains plats, et leur faire gravir les plans inclinés avec la plus grande facilité, sans augmenter la pression de la vapeur.

22°. — MM. HALLETTE, Ingénieur-Mécanicien, et BOUCHERIE, Docteur-Médecin, à Arras (Pas-de-Calais);
Brevet d'*Invention* de 5 ans, le 23 janvier,
Pour un nouvel *Appareil* propre *à Extraire, sans l'action de la presse, la totalité du Suc des fruits et notamment de la Betterave;* appareil qu'ils nomment MACÉRATEUR CONTINU A EFFET CONSTANT.

23°. — M. BOUVIER, Avoué, à Orange, ayant domicile chez M. *Bouvier*, médecin, rue Saint-Pierre-Chaillot, n. 14, à Paris;
Brevet de *Perfectionnement* et d'*Addition*, le 23 janvier, à son brevet d'*Invention* et de *Perfectionnement* de 15 ans, du 2 décembre 1834,
Pour un *Appareil* qu'il nomme FUMIVORE ANÉMOFUGE, et pour des *Perfectionnemens dans les Cheminées communes.*

24°. — MM. LEPAGE et PERRIN, Arquebusiers, rue Richelieu, n. 13, à Paris;
Troisième brevet de *Perfectionnement* et d'*Addition*, le 30 janvier, à leur brevet d'*Invention* de 10 ans, du 13 juillet 1832,
Pour une nouvelle *Arme à Feu se chargeant par la culasse.*

25°. — M. BONHOMME, Serrurier, rue Saint-Germain-l'Auxerrois, n. 87, à Paris;
Brevet d'*Invention* de 10 ans, le 30 janvier,
Pour un nouveau *Chevalet.*

26°. — M. VIOLARD, Fabricant de Blondes, rue de Choiseul, n. 2 *bis*, à Paris;
Brevet d'*Invention* et de *Perfectionnement* de 5 ans, le 30 janvier,
Pour un nouveau genre de *Dentelles, Tulles et Blondes.*

27°. — MM. PANON et BURET, faubourg Saint-Honoré, n. 83, à Paris;
1°. Brevet d'*Invention* de 15 ans, le 30 janvier,
Pour des *Procédés de Conservation des Substances alimentaires de toute nature sans les soumettre à l'action de la chaleur, et de manière à pouvoir non-seulement les transporter à des distances plus ou moins grandes, mais encore à s'en servir pour alimentation après un certain temps;*
2°. Deux brevets de *Perfectionnement* et d'*Addition* au même titre.

28°. — M. LEMARE, Manufacturier, quai de Conti, n. 3, à Paris;
Brevet de *Perfectionnement* et d'*Addition*, le 31 janvier, à son brevet d'*Invention* de 10 ans, du 6 septembre,
Pour des *Appareils qu'il nomme* PANTOTHERMES ou CALORILAMES.

29°. — MM. GUIGO et MANIQUET : le 1er, Mécanicien, Montée-des-Carmélites, n. 3, et le 2e, rue Cousson, n. 6, à Lyon (Rhône);
Brevet de *Perfectionnement* de 15 ans, le 31 janvier,
Pour certains *Perfectionnemens dont le but est de remplacer, dans les Machines à la Jacquart, le lisage en carton par un lisage en papier continu.*

30°. — M. LAMOTTE, Plombier-Mécanicien, faubourg Montmartre, n. 4, à Paris;
Brevet de *Perfectionnement* et d'*Addition*, le 5 février, à son brevet d'*Invention* et de *Perfectionnement* de 5 ans, du 2 décembre 1834,
Pour une nouvelle *Cuvette fermant hermétiquement*, et qu'il nomme CUVETTE A LA FRANÇAISE.

31°. — M. DRUNN, de Londres, représenté à Paris par M. *Truffaut*, rue Favart, n. 8;
1°. Brevet d'*Importation* de 15 ans, le 5 février,
Pour des *Instrumens perfectionnés*, propres, *les uns, à introduire le Galvanisme dans le corps humain;* et *les autres, à faciliter la Guérison de certaines Maladies;*
2°. Brevet de *Perfectionnement* et d'*Addition* à ce titre.

33°. — M. BRUET, Maître de Musique, à Dijon (Côte-d'Or);
Brevet d'*Invention* de 5 ans, le 5 février,
Pour un *Système général de Notation et de Transposition par l'emploi de diverses Clés de Sol et de signes de transposition inférieure et supérieure.*

34°. — MM. POUILLET, *frères*, rue Saint-Dominique, n. 211 (quartier du Gros-Caillou), à Paris;
Brevet de *Perfectionnement* et d'*Addition*, le 5 février, à leur brevet d'*Invention* de 10 ans, du 31 mai 1833,

Pour un *Appareil de Chauffage propre aux Appartemens.*

35°. — M. DIETZ, Ingénieur-Mécanicien, rue de Charenton, n. 102, à Paris; Brevet d'*Invention* de 10 ans, le 6 février,
Pour une *Voiture à Vapeur voyageant sur les routes ordinaires*, et qu'il nomme REMORQUEUR.

36°. — M. GERVAIS, ayant domicile à Paris, chez M. *Vincent*, rue Notre-Dame-de-Nazareth, n. 20;
Brevet de *Perfectionnement* et d'*Addition*, le 6 février, à son brevet d'*Invention* de 15 ans, du 4 décembre 1834,
Pour une *Roue à puissance mi-circulaire, mus par des moteurs à mouvement centrifuge opérant le mouvement perpétuel.*

37°. — M. CHAUDET, Négociant de Londres, ayant domicile à la Verrerie de Choisy-le-Roi, près Paris;
Brevet d'*Invention* de 10 ans, le 6 février,
Pour une *Machine à Couper et à Dresser les Globes-de-Verre dits* Cylindres, *ronds, ovales et carrés, au moyen d'un chariot portant un diamant et suivant le contour du cylindre, tout en maintenant le diamant dans la position de sa coupe.*

38°. — M. LACAZE, Fabricant d'instrumens aratoires, à Nîmes (Gard);
Brevet de *Perfectionnement* et d'*Addition*, le 6 février, à son brevet d'*Invention* de 5 ans, du 21 mars 1834,
Pour une *Charrue vigneronne à levier et charnière, et à joug régulateur.*

39°. — M. DESLAURIERS, Pharmacien, rue de Cléry, n. 31, à Paris;
Brevet d'*Invention* de 5 ans, le 11 février,
Pour une *Composition connue sous le nom de* TABLETTES ANTICATARRHALES DE VAUQUELIN.

40°. — M. DARTOIS, à Besançon (Doubs);
Brevet d'*Invention* de 5 ans, le 11 février,
Pour l'*Application des Bandes de Verre dorées ou peintes aux Cadres de bois, sans l'emploi de baguettes de métal sur les bords ou sur les angles, et sans aucun autre moyen extérieur visible à l'œil.*

41°. — M. HOUDEVILLE *fils*, à Saussay, arrondissement d'Yvetot (Seine-Inférieure);
Brevet de *Perfectionnement* et d'*Addition*, le 11 février, à son brevet d'*Invention* de 10 ans, du 12 décembre 1834,
Pour une *Machine* propre *à Remplacer les pompes à feu, les machines hydrauliques et les manéges.*

42°. — M. FOIN, Maître Serrurier et Pompier, rue de la Vannerie, à Sens (Yonne);
Brevet d'*Invention* de 5 ans, le 11 février,
Pour un nouveau *Système de Pompe rotative.*

43°. — M. LITTLE, Négociant de Liverpool, représenté à Paris par M. *Perpigna*, rue de Choiseul, n. 4;
Brevet d'*Importation* et de *Perfectionnement* de 15 ans, le 13 février,
Pour certains *Perfectionnemens dans la Construction des Balances à plate-forme et à bascule.*

44°. — M. LEDOUX, rue de l'Échiquier, n. 33, à Paris;
Brevet d'*Invention* et de *Perfectionnement* de 15 ans, le 13 février,
Pour des *Changemens apportés au Moule mécanique propre à fondre d'un seul jet un grand nombre de Caractères d'Imprimerie.*

45°. — Mme Ve BLAND, de Manchester, représenté à Paris par M. *Perpigna*, rue de Choiseul, n. 4;
Brevet de *Perfectionnement* et d'*Addition*, le 13 février, au brevet d'*Importation* et de *Perfectionnement* de 15 ans, délivré à son mari le 2 novembre 1833,
Pour des *Perfectionnemens apportés aux Machines à Filer en gros ou en fin et à Doubler le Coton, la Soie, le Lin et toutes autres substances filamenteuses.*

46°. — MM. ROTH *frères* et DUFAU, à Saint-Giours, Marenne (Landes);
Brevet de *Perfectionnement* et d'*Addition*, le 13 février, à leur brevet d'*Invention* de 5 ans, du 21 décembre 1833,
Pour un *Procédé propre à obtenir la Térébenthine pure du pin maritime.*

47°. — MM. POUILLET *frères*, rue Saint-Dominique, n. 211 (quartier du Gros-Caillou), à Paris;

Brevet d'*Invention* de 10 ans, le 20 février,

Pour une nouvelle *Mitre à placer au-dessus des Tuyaux de Cheminées.*

48°. — M. POOL, de Londres, représenté à Paris par M. *Truffaut*, rue Favart, n. 8;

Brevet d'*Importation* de 10 ans, le 20 février,

Pour des *Machines perfectionnées* propres *à fabriquer des Épingles, Aiguilles, Rivets, Clous et Vis à bois.*

49°. — M. LAVOIPIERRE, Fabricant de Passementeries, rue Saint-Denis, n. 371, à Paris;

Brevet de *Perfectionnement* et d'*Addition*, le 20 février, à son brevet d'*Invention* de 15 ans, du 29 octobre 1834, prorogé à 10 ans par ordonnance du 29 novembre de la même année,

Pour de nouvelles *Boucles de Bretelles et de Ceintures.*

50°. — M. CAREAU, Docteur-Médecin, de Bièvre, représenté à Paris par M. *Mathieu*, rue Rameau, n. 6, à Paris;

Brevet de *Perfectionnement* et d'*Addition*, le 20 février, à son brevet d'*Invention* de 15 ans, du 22 novembre 1834,

Pour une *Lampe mécanique simplifiée.*

51°. — MM. LETESTU et GIROUD, demeurant, le premier, Rond-Point de l'Étoile, n. 7; le second, passage Saint-Guillaume, n. 7, à Paris;

Brevet de *Perfectionnement* et d'*Addition*, le 20 février, à leur brevet d'*Invention* de 5 ans, du 14 octobre 1834,

Pour une nouvelle *Lampe-à-Mouvement.*

52°. — M. F.-X. PROGIN, représenté par M. *Rodocanachi*, Négociant, rue Thubaneau, n. 33, à Marseille (Bouches-du-Rhône);

Brevet d'*Invention* de 5 ans, le 40 février,

Pour une *Machine à vapeur* qu'il nomme MACHINE A FEU PROGINIEN ET A VAPEUR PROGINIENNE.

53°. — M. LAVENNE, Marchand de Papiers, rue Coquillière, n. 37, à Paris;

Brevet d'*Invention* et de *Perfectionnement* de 5 ans, le 20 février,

Pour de nouveaux *Papiers parfumés.*

54°. — M. VANTOUILLAC aîné, Chaudronnier-Ferblantier, à Lavaur (Tarn);

Brevet d'*Invention* de 5 ans, le 20 février,

Pour une *Étuve propre à l'Étouffage des Cocons.*

55°. — M. GAUTHIER-DELATOUCHE, rue Godot-Mauroy, n. 11, à Paris;

Brevet d'*Invention* de 10 ans, le 20 février,

Pour un nouvel *Ustensile culinaire* qu'il nomme RÉCHAUD-FOUR.

56°. — M. FONTAINE, Boulanger, rue de Charonne, n. 119, à Paris;

Brevet d'*Invention* de 10 ans, le 24 février,

Pour une *Machine à fabriquer le Pain.*

57°. — M. MARION DE LA BRIANTAIS, Banquier, rue Bellefonds, n. 35, à Paris;

1°. Brevet d'*Invention* de 15 ans, le 24 février,

Pour un *Système de Moulins;*

2°. Brevet de *Perfectionnement* et d'*Addition* à ce titre.

58°. — M. PASTEUR-D'ÉTREILLIS, rue de Braque, n. 4, à Paris;

Brevet d'*Invention* de 5 ans, le 24 février,

Pour l'*Application à un nouveau système de Couchage de la Mousse des Marais, du genre* Sphagnum, *mais plus encore de la plante marine indigène désignée par les botanistes sous le nom de* Zottera.

59°. — M. CLÉMENT-DÉSORMES, rue du Faubourg-Saint-Martin, n. 84, à Paris;

Brevet d'*Invention* de 15 ans, le 27 février,

Pour un *Procédé de Fabrication de Glaces minces pour Miroirs et Vitrages.*

60°. — M. DE LA MORRE, rue Saint-Joseph-en-Ville, n. 17, à Bordeaux (Gironde);

Pour un nouveau *Mode de Sécher la Morue verte ou d'autres substances alimentaires, des matières et tissus quelconques, dans des étuves ignauriques, c'est-à-dire à renouvellement et agitation continuels d'air chaud, à l'aide d'une machine à vapeur formant en même temps calorifère; mode auquel sont joints des Procédés d'Épuration et de Neutralisation d'odeur.*

61°. — M. MESSIER-ACAM, Fabricant de Draps, à Elbeuf (Seine-Inférieure);

Brevet d'*Invention* de 5 ans, le 27 février,

Pour une *Composition économique qui facilite la Filature des Laines.*

62°. — M. CARTIER, Mécanicien, à Corbeil, rue Aux Tisseurs, n. 2 (Seine-et-Oise);
Brevet d'*Invention* et de *Perfectionnement* de 5 ans, le 27 février,
Pour une *Machine* propre *à Sasser les Gruaux à Vermicelle, Semoule et autres.*

63°. — Mme *Marie* BISSO, rue du Faubourg-Saint-Denis, n. 120, à Paris;
Brevet d'*Invention* de 5 ans, le 27 février,
Pour des *Perfectionnemens apportés dans les Métiers à Tisser.*

64°. — M. LANET, de Bordeaux, ayant domicile chez M. *Mathieu*, passage et hôtel Violet, à Paris;
Brevet d'*Invention* de 15 ans, le 27 février,
Pour un nouveau *Système d'Impression destiné à donner à chacun, au moyen d'un appareil usuel, la faculté de reproduire, en une ou plusieurs copies, sur les papiers en usage, et en peu d'instans, tout écrit, pièce d'écriture, plan, dessin, extrait, etc.;* Système qu'il nomme TAXOPOGRAPHIE ou PROMPTE-COPIE.

65°. — M. F.-J.-B. PIOT, rue de Choiseul, n. 1, à Paris;
Quatrième brevet de *Perfectionnement* et d'*Addition*, le 27 février, à son brevet d'*Invention*, d'*Importation* et de *Perfectionnement* de 15 ans, du 25 octobre 1833,
Pour des *Procédés à l'usage des Chemins de fer à une seule ornière, soit pour la confection des rails et pointes d'appui, soit pour l'établissement des Voitures simples courant sur une seule ornière.*

66°. — M. CHATELAIN, Fabricant, à Magny-la-Fosse (Aisne);
Brevet de *Perfectionnement* et d'*Addition*, le 27 février, à son brevet d'*Invention de* 5 ans, du 31 mai 1834,
Pour une *Mécanique* propre *à confectionner des Points à Jour et des Œillets à Jour sur plumetis.*

67°. — MM. LEAVERS et HOUSTON, route de Caen, n. 32, à Rouen (Seine-Inférieure);
Brevet d'*Invention* de 5 ans, le 5 mars,
Pour un nouveau genre de *Boîte à Vapeur propre aux Pompes à Feu.*

68°. — M. SELLIGUE, Ingénieur-Mécanicien, passage des Petites-Écuries, n. 2, à Paris;
Brevet de *Perfectionnement* et d'*Addition*, le 5 mars, à son brevet d'*Importation* et de *Perfectionnement* de 5 ans, du 3 octobre 1834,
Pour des *Instrumens de haut Sondage.*

69°. — M. GIBBOUS-MERLE, de Londres, représenté à Paris par M. *Petit*, rue du Faubourg-Saint-Honoré, n. 117;
Brevet de *Perfectionnement* et d'*Addition*, le 5 mars, à son brevet d'*Importation* et de *Perfectionnement* de 5 ans, du 2 décembre 1834,
Pour une *Cuisine économique, portative, et fonctionnant par le gaz.*

70°. — M. STEVENAUX, Mécanicien, à Balan, près Sedan (Ardennes);
Brevet d'*Invention* de 10 ans, le 5 mars,
Pour une *Machine* propre à *Emboutir des Ustensiles de Cuisine ou tout autre objet de cette nature,* et qu'il nomme HIRCOTEINE.

71°. — MM. BERGIER et MALLAY, le premier Juge-de-Paix et le deuxième Architecte, à Clermont-Ferrand (Puy-de-Dôme);
Brevet d'*Invention* de 5 ans, le 5 mars,
Pour une nouvelle *Machine à Battre les Céréales*, et qu'ils nomment ROULEAU-BAUTEUR.

72°. — MM. VINCENT et JACQUET, Négocians de Reims, ayant domicile à Paris, rue Notre-Dame-des-Victoires, hôtel des États-Unis;
Brevet d'*Invention* de 10 ans, le 5 mars,
Pour une *Machine* propre *à ramener les Loques d'Étoffe à l'état de laine susceptible d'être filée et employée à de nouveaux tissus.*

73°. — MM. CHARPY et POMMIER, Teinturiers en soie, à la Guillotière, section des Brotteaux, rue de Condé, n. 7, canton de Lyon (Rhône);
Brevet d'*Invention* et de *Perfectionnement* de 10 ans, le 5 mars,
Pour une *Rame* propre *à Étirer et Apprêter toutes sortes d'Étoffes*, et qu'ils nomment RAME-SANS-FIN.

74°. — M. HENNECART, Négociant, rue Thévenot, n. 18, à Paris;
Brevet d'*Importation* de 5 ans, le 5 mars,
Pour un *Moteur aérien composé de différentes sortes de voilures nouvelles remplies de gaz, devant servir à la direction des Aérostats.*

76°. — M. ÉBOLI, Professeur de Chimie, à la Guillotière, section des Brotteaux, maison Grand-Jean, canton de Lyon (Rhône);
Brevet d'*Invention* et de *Perfectionnement* de 5 ans, le 7 mars,
Pour des *Procédés de fabrication d'un genre de Chandelles* qu'il nomme BOUGIE-CHANDELLE.

77°. — M. BÉRINGER, rue du Ponceau, n. 19, à Paris;
Brevet de *Perfectionnement* et d'*Addition*, le 7 mars, à son brevet d'*Invention* et de *Perfectionnement* de 10 ans, du 31 décembre 1834,
Pour des *Perfectionnemens apportés aux Fusils que l'on charge par la culasse.*

78°. — M. CHABRIER *fils*, Lampiste, rue de la Monnaie, n. 9, à Paris;
Brevet d'*Invention* et de *Perfectionnement* de 5 ans, le 7 mars,
Pour un nouveau *Système de Bec applicable aussi bien aux Lampes à niveau mort qu'à celles à niveau constant, et* propre *à les faire brûler comme les Carcels.*

79°. — M. HOUZEAU-MUIRON, Manufacturier, à Reims (Marne);
Brevet d'*Invention* de 15 ans, le 10 mars,
Pour un nouveau *Système de Production du Gaz pour l'Éclairage, et d'Appareil pour sa consommation.*

80°. — M. DEVERTE, Mécanicien, rue Pierre-Levée, n. 11, à Paris;
Brevet d'*Invention* de 10 ans, le 10 mars,
Pour une *Machine* propre *à Laminer les Laines cardées.*

81°. — MM. BERNARHT, LACARIÈRE et Compagnie, ayant domicile à Paris chez MM. *Leuflet* et *Paste*, rue Saint-Georges-Olivier, n. 9;
Brevet d'*Invention* et de *Perfectionnement* de 15 ans, le 10 mars,
Pour un *Procédé destiné à rendre toutes Semences, sans exception, et particulièrement les Pepins de raisins, plus propres au développement du gaz éclairant.*

82°. — M. DYER, Manufacturier, à Gamage (Somme); représenté à Paris par M. *Truffaut*, rue Favart, n. 8;
Brevet d'*Importation* de 15 ans, le 10 mars,
Pour une *Machine* propre *à fabriquer le Papier de toute dimension.*

83°. — MM. FOSSIN *père* et *fils*, Joailliers, rue de Richelieu, n. 62, à Paris;
Brevet d'*Invention*, d'*Importation* et de *Perfectionnement* de 15 ans, le 14 mars,
Pour un *Procédé d'Incrustation de Pierres fines avec filets d'or et mélange de diverses formes et dessins dans les matières les plus dures, produisant une nouvelle mosaïque.*

84°. — M. CABROL, Ingénieur civil, rue des Filles-Saint-Thomas, hôtel d'Angleterre, à Paris;
Brevet de *Perfectionnement* et d'*Addition*, le 14 mars, à son brevet d'*Invention* de 15 ans, du 6 janvier,
Pour l'*Établissement de Forges quelconques dans l'intérieur des porte-vents des Machines soufflantes, et la Projection d'Air décomposé, d'Oxide de Carbone et autres gaz, dans les bouches à feu soufflées par ces machines.*

85°. — M. PRADAL, Docteur en Médecine, à Carcassonne (Aude);
Brevet d'*Invention* de 10 ans, le 14 mars,
Pour un *Réflecteur angulaire ou fuyant*, propre *à être adapté aux Réverbères.*

86°. — M. JULLIENNE, Ingénieur-Mécanicien, rue Eau-de-Robec, n. 110, à Rouen (Seine-Inférieure);
Brevet d'*Invention* de 5 ans, le 14 mars,
Pour un *Appareil* propre *à Utiliser la Vapeur perdue des machines à haute pression en procurant une économie de cent pour cent sur le combustible.*

87°. — M. CAREAU, Docteur-Médecin, à Bièvre (Seine-et-Oise), représenté à Paris par M. *Mathieu*, rue Rameau, n. 6;
Second brevet de *Perfectionnement* et d'*Addition*, le 14 mars, à son brevet d'*Invention* de 15 ans, du 22 novembre 1834,
Pour une *Lampe mécanique simplifiée*

88°. — M. KRAFFT, Mécanicien, à Mulhausen (Haut-Rhin);
Brevet d'*Invention* de 5 ans, le 14 mars,
Pour une *Machine cylindrique* propre *à faire mouvoir sans frottement toutes autres grandes machines, et notamment les voitures de toute espèce.*

89°. — M. BENOIT, Ingénieur-Mécanicien, de Troyes (Aube), représenté à Paris, par M. *Armonville*, rue Neuve-Saint-Augustin, n. 3;
Brevet de *Perfectionnement* et d'*Addition*, le 16 mars, au brevet d'*Invention* de 5 ans qu'il a pris, le 3 février 1834, conjointement avec M. François *jeune*,
Pour un *Pressoir à Vin* qu'ils nomment Pressoir-Troyen.

90°. — M. PERROT, Ingénieur civil, rue Étoupée, n. 35, à Rouen (Seine-Inférieure);
Deuxième brevet de *Perfectionnement* et d'*Addition*, le 17 mars, à son brevet d'*Invention* de 10 ans, du 6 août 1832,
Pour plusieurs nouveaux *Procédés d'Impression sur Tissus.*

91°. — M. CLERC, Raffineur de Sucre, rue Martel, n. 10, à Paris;
Brevet d'*Importation* et de *Perfectionnement* de 15 ans, le 17 mars,
Pour un *Appareil mouvant* propre *à Évaporer les Liqueurs par l'Insufflation de l'air.*

92°. — MM. ROARD DE CLICHY et DROUILLARD, le premier, rue du Faubourg-Montmartre, n. 13, et le second, rue Sainte-Croix-de-la-Bretonnerie, à Paris;
Deuxième brevet de *Perfectionnement* et d'*Addition*, le 17 mars, au brevet d'*Importation* de 15 ans, délivré le 22 août 1834 à M. Walter-Wood, dont ils sont cessionnaires,
Pour un *Moyen chimique* propre *à faire le Carbonate de plomb, soit de blanc de plomb ou Céruse.*

93°. — M. TOUBOULIC, Ingénieur-Mécanicien, rue de Cléry, n. 26, à Paris;
Brevet d'*Invention* de 5 ans, le 23 mars,
Pour un *Appareil* propre *à opérer la Translation des Bâtimens et des Embarcations*, et qu'il nomme Rame-Axiale.

94°. — MM. BARTHÉLEMY et ROYET, le premier, au Palais-Royal, galerie de Valois, n. 154, et le second, rue du Bouloy, n. 1, à Paris;
Brevet d'*Invention* de 5 ans, le 23 mars,
Pour un *Procédé propre à la Guérison des Cors, sans aucune extirpation.*

95°. — M. DÉGENETAIS, Pharmacien, rue Saint-Honoré, n. 300, à Paris;
Brevet d'*Invention* de 15 ans, le 23 mars,
Pour une *Pâte pectorale de mou-de-veau*, qu'il nomme Trésor de la Poitrine.

96°. — MM. ROARD DE CLICHY, Manufacturier, rue du Faubourg-Montmartre, n. 13, à Paris; et P. MUSTON, de Gênes;
Brevet d'*Invention* de 15 ans, le 23 mars,
Pour un nouveau *Moyen d'Extraire l'Huile de la Graine de Navette, de Lin et de toutes autres graines et matières huileuses.*

97°. — M. PRADIER, Coutelier, rue Bourg-l'Abbé, n. 13, à Paris;
Brevet d'*Invention* de 5 ans, le 23 mars,
Pour un *Semainier-à-Barbe* et un *Semainier-Nécessaire, de diverses formes.*

98°. — M. PILLIOT, Lampiste, rue Saint-Martin, n. 147, à Paris;
Brevet d'*Invention* et de *Perfectionnement* de 5 ans, le 23 mars,
Pour un *Mécanisme avec double fumivore, destiné à Suspendre les Lampes et autres appareils d'Éclairage à des corps mobiles, tels que Vaisseaux, Voitures, etc.*

99°. — Mme Ve ABSIL, née M. T. Dubois, Bandagiste-Herniaire, rue Mandar, n. 4, à Paris.
Brevet d'*Invention* de 10 ans, le 23 mars,
Pour un nouveau *Bandage-Herniaire* qu'elle nomme Piezoclinectage.

100°. — MM. PAYEN et BURAN, Fabricans de Produits chimiques, à Grenelle, représentés à Paris par M. *Camusct*, rue Favart, n. 8;
Brevet d'*Invention* et de *Perfectionnement* de 5 ans, le 23 mars,
Pour un *Procédé d'Épuration des Fécules.*

101°. — M. STODDARD, Négociant, rue de Cléry, n. 9, à Paris;
Brevet d'*Importation* et de *Perfectionnement* de 15 ans, le 23 mars,

Pour une *Machine de rotation à Vapeur et pouvant être mis en usage suivant la force que l'on veut obtenir.*

102°. — M. DALMASSY, Avocat, à Nice (Sardaigne), ayant domicile à Paris, rue Bergère, n. 17;
Brevet d'*Invention* de 5 ans, le 23 mars,
Pour une *Presse typographique au moyen de laquelle un ouvrier peut Imprimer, très promptement et des deux côtés, un certain nombre de feuilles de papier.*

103°. — M. MUEL-DOUBLAT, Maître des Forges d'Ablainville, ayant domicile à Paris, chez M. *Doublat*, Député, rue Chauveau-Lagarde, n. 3;
Brevet d'*Invention* de 5 ans, le 24 mars,
Pour l'*Application des Fers en Rubans, dits vulgairement* Fers à Cercles, *à la Suspension des Ponts, ponts-aqueducs, ponts de chemins de fer, etc., comme aussi à la Suspension des Toitures.*

104°. — M. LAIR-LAMOTTE, Marchand Corroyeur, à Saint-Malo (Ille-et-Vilaine);
Brevet d'*Invention* de 15 ans, le 24 mars,
Pour un *Apprêt de Cuirs au moyen du Goudron.*

105°. — M. MENUEL, négociant, rue du Cloître-Saint-Méry, n. 14, à Paris;
Troisième brevet de *Perfectionnement* et d'*Addition*, le 24 mars, au brevet d'*Invention* de 15 ans délivré, le 28 novembre 1829, à M. DUPARGE, dont il est cessionnaire,
Pour un *Savon liquide* qu'il nomme SAVON LIQUIDE FRANÇAIS ET DE TOILETTE DES DAMES FRANÇAISES.

106°. — M. PERPIGNA, rue de Choiseul, n. 4, à Paris;
Brevet de *Perfectionnement* et d'*Addition*, le 24 mars, à son brevet d'*Invention* et de *Perfectionnement* de 10 ans, du 27 juin 1834,
Pour un nouveau *Moyen d'Allumer les Cigares et les Bougies, sans avoir besoin de briquet.*

107°. — M. BARBIER, Ingénieur Civil, rue Saint-Antoine, n. 113, à Paris;
Brevet de *Perfectionnement* et d'*Addition*, le 24 mars, à son brevet d'*Importation* de 5 ans, du 24 novembre 1834,
Pour un *Appareil* qu'il nomme POMPE DE COMPTOIR DE MARCHAND DE VINS.

108°. — M. CLUSSMAN, Facteur de Pianos, rue Favart, n. 4;
Deuxième brevet de *Perfectionnement* et d'*Addition*, le 24 mars, à son brevet d'*Invention* de 5 ans, du 20 mai 1834,
Pour un nouveau *Moyen d'Accorder les Pianos.*

109°. — M. E[d]. GOIN, rue des Boucheries-Saint-Germain, n. 19, à Paris;
Brevet d'*Invention* de 5 ans, le 24 mars,
Pour un nouveau *Moyen de fixer les Bouchons dans le col des Bouteilles.*

110°. — M. NODLER, rue Bleue, n. 15, à Paris;
Brevet d'*Invention* et de *Perfectionnement* de 10 ans, le 24 mars,
Pour certains *Perfectionnemens apportés aux Moulins à meules verticales.*

111°. — MM. GRANGIER *frères*, Négocians, à Saint-Chamont, représentés par M. *Durand*, Chef de bureau à la préfecture de Montbrison (Loire);
Brevet d'*Invention* de 5 ans, le 24 mars,
Pour un *Procédé* propre *à Brocher des Rubans (de quelques tissus qu'ils soient) en une ou plusieurs couleurs, avec une seule navette.*

112°. — M. CARRÉ-VILLETTE, Fabricant de Noir Animal, à Châlons (Marne);
Brevet d'*Invention* de 5 ans, le 30 mars,
Pour un *Moyen de remplacer le Noir-Animal avec une terre propre aux engrais.*

113°. — M. CHOMEL, à Montreuil-sur-Mer (Pas-de-Calais);
Brevet d'*Invention* de 5 ans, le 30 mars,
Pour un *Appareil et un Procédé destiné à Extraire le Suc de la pulpe de Betterave et à Purger les Sucres de leur mélasse à l'aide d'une sorte de syphon.*

114°. — M. LEFÈVRE, Facteur d'Instrumens, rue Saint-Honoré, n. 221, à Paris,
Brevet d'*Invention* et de *Perfectionnement* de 5 ans, le 30 mars,
Pour des *Perfectionnemens apportés à la Flûte qu'il nomme Flûte-Lefèvre.*

115°. — M. PERRY, représenté à Paris par M. *Perpigna*, rue de Choiseul, n. 4;
Brevet d'*Invention* et de *Perfectionnement* de 5 ans, le 30 mars,
Pour certains *Perfectionnemens dans la fabrication du Maillechort ou Melchiort, dit parfois Argent d'Allemagne ou Argent Anglais;* lesdits perfectionnemens consistant à *augmenter la salubrité de son emploi, et à lui donner une apparence plus belle et plus éclatante.*

116°. — M. MOZARD, Négociant, rue Paradis-Poissonnière, n. 11, à Paris;
Brevet de *Perfectionnement* et d'*Addition*, le 30 mars, à son brevet d'*Invention* et de *Perfectionnement* de 15 ans, du 13 septembre 1834,
Pour des *Procédés de fabrication d'un Papier de Sûreté contre les faux en écriture.*

117°. — Mme SORIX, née A. E. Vernier, autorisée par son mari, rue Férou, n. 24, à Paris;
Brevet d'*Invention* de 5 ans, le 30 mars,
Pour *Deux petits Claviers mobiles s'adaptant aux Pianos.*

118°. — M. DUCEL, Fabricant de Sucre de Betterave, rue de Provence, n. 61, à Paris;
Brevet d'*Invention* de 5 ans, le 31 mars,
Pour un *Procédé de fabrication de Sucre de Betterave.*

119°. — M. LEFAUCHEUX, Arquebusier, rue de la Bourse, n. 10, à Paris;
Quatrième brevet de *Perfectionnement* et d'*Addition*, le 31 mars, à son brevet d'*Invention* de 10 ans, du 28 janvier 1833,
Pour un nouveau *Fusil qui se charge par la culasse.*

120°. — M. D'ASDA, rue Taitbout, n. 28, à Paris;
Brevet de *Perfectionnement* et d'*Addition*, le 31 mars, au brevet d'*Importation* de 15 ans pris le 28 mai 1834 par M. Puget, dont il est cessionnaire,
Pour une *Chaudière à vapeur applicable aux Voitures employées sur les chemins de fer et sur les routes ordinaires, aux Bâtimens à vapeur, et généralement à toutes les machines en usage dans les usines.*

121°. — MM. BEDFORT et NEPVEU, passage des Panoramas, n. 26, à Paris;
Brevet d'*Invention* de 5 ans, le 31 mars,
Pour une *Optique d'un nouveau genre,* qu'ils nomment Diorama-de-Salon.

122°. — M. JOUVIN, de Grenoble (Isère), ayant domicile à Paris, rue Saint-Denis, n. 229;
Brevet de *Perfectionnement* et d'*Addition*, le 31 mars, à son brevet d'*Invention* de 15 ans, du 27 juin 1834;
Pour des *Instrumens* propres à *Couper les Gants et les Mitons.*

123°. — M. GALY-CAZALAT, Professeur de Physique, passage Colbert, n. 2, à Paris;
Sixième brevet de *Perfectionnement* et d'*Addition*, le 31 mars, à son brevet d'*Invention* de 15 ans, du 4 novembre 1833,
Pour une *Voiture à Vapeur qui peut servir à tous les usages et sur toutes les routes.*

124°. — M. ROYER, Perruquier-Coiffeur, rue du Faubourg-du-Temple, n. 137, à Paris;
Brevet d'*Invention* et de *Perfectionnement* de 10 ans, le 31 mars,
Pour une *Pâte propre aux Cuirs à Rasoirs,* qu'il nomme Barbéière.

125°. — M. HOULDSWORTH, Négociant anglais, représenté à Paris par M. *Perpigna*, rue de Choiseul, n. 4;
Brevet d'*Importation* et de *Perfectionnement* de 15 ans, le 31 mars,
Pour des *Perfectionnemens applicables aux machines employées à préparer la Laine ou toute autre substance filamenteuse, et la disposer pour la filature en fin.*

126°. — M. WICKAM, représenté à Paris par M. *Truffaut*, rue Favart, n. 8;
Brevet de *Perfectionnement* et d'*Addition*, le 31 mars, à son brevet d'*Invention* et de *Perfectionnement* de 10 ans, du 14 octobre 1834,
Pour des *Appareils mécaniques propres à constater* : 1°. *l'épaisseur de chaque personne entre* l'os sacrum *et* l'anneau herniaire; 2°. *la force de pression qu'exige une Hernie pour la contenir.*

127°. — M. NÉRON *jeune*, Manufacturier, Deville-les-Rouen, représenté à Paris par M. Hedin, rue Neuve-Samson, n. 3;
Brevet d'*Importation* de 10 ans, le 31 mars,
Pour un *Procédé propre à Imprimer sur la Soie, le Coton, etc., soit à la planche plate soit au rouleau, en n'employant que de petites planches ou des portions de cylindres dont le raccord des parties de dessin se fait par un moyen mécanique.*

CESSIONS

RÉGULIÈRES ET EFFECTIVES

DE BREVETS.

(PREMIER TRIMESTRE DE 1835.)

1°. — Cession faite, le 22 décembre 1834, à M. Bosq, boulevart des Trois-Journées, n. 6, à Marseille (Bouches-du-Rhône); par M. Plendoux, de tous ses droits au brevet d'*Invention* de 10 ans qu'il a pris, le 9 août 1833, pour une *Machine à Pétrir le Pain.*

2°. — Cession faite, le 10 janvier, à MM. Lizé, Notaire, et Lebreton, Contrôleur des contributions indirectes, à la Charité (Nièvre); par M. Normand, de tous ses droits au brevet d'*Invention* de 5 ans qu'il a pris, le 9 novembre, pour une *Machine propre à Répandre sur les terres la Chaux et le plâtre pulvérisés.*

3°. — Cession faite, le 13 janvier, à MM. Frezols de Bourfond, quai Bourbon (Ile-Saint-Louis), n. 37, à Paris, et Delahaye, aux Batignolles (près Paris), rue Lemercier, n. 1; par M. Ménage, de tous ses droits : 1°. au brevet d'*Invention* qu'il a pris, le 5 août 1833, pour un *Système de Lampe mécanique* qu'il nomme Lampe-Ménage; 2°. au brevet de *Perfectionnement* et d'*Addition* à ce titre, qui lui a été délivré le 22 août dernier.

4°. — Cession faite, le 16 janvier, à M. Fourcault-de-Pavant, rue Saint-Honoré, n. 374, à Paris; par M. de Maupeou, de tous ses droits au brevet d'*Invention* de 15 ans, qui lui a été délivré, le 4 décembre dernier, pour des *Principes, moyens et procédés constitutifs du Système nouveau d'Épuration et de Dessiccation ou concentration généralement applicable à toute Substance solide ou liquide, et particulièrement aux Graines.*

5°. — Association formée, le 20 janvier, entre MM. Daveu et Leloup, d'une part, et M. Bosrédon, rue de Béthisy, n. 6, à Paris, d'autre part, à l'effet d'exploiter en commun, sous la raison de *Laloup, Bosrédon* et *Daveu,* avec la dénomination de Boulangerie économique, le brevet d'*Invention* de 10 ans, délivré à MM. *Daveu* et *Leloup,* le 12 juin 1833, pour un *Pro-*

cédé économique de Fabrication du pain; les cédans se réservant d'ailleurs le droit de transport, pour leur compte personnel, du privilége exclusif de leur procédé dans les départemens du *Calvados, de l'Eure, de la Manche, du Nord, de l'Oise et de la Seine-Inférieure.*

6°. — Cession faite, le 28 janvier, à MM. Peyre de la Grave, Denuelle et Thirion, représentés par ce dernier, rue Menars, n. 12, à Paris, par MM. Leloup, Bosrédon et Daveu, de deux seizièmes et deux tiers de leurs droits, pour chacun des Cessionnaires, au brevet d'*Invention* de 10 ans, délivré à MM. Daveu et Leloup, le 12 juin 1833, pour un *Procédé économique de Fabrication du Pain.*

7°. — Cession faite, le 30 janvier, à M. Pressat, rue du Faubourg-Saint-Antoine, n. 333, à Paris; par MM. Mathieu et Sarrazin, de leurs droits: 1°. au brevet d'*Invention* et de *Perfectionnement* de 15 ans, à eux délivré, le 16 novembre 1833, pour un *Appareil au moyen duquel tout établissement et toute maison pourra fabriquer du Gaz pour son Éclairage,* et qu'ils nomment Gazofacteur; 2°. au brevet de *Perfectionnement* et d'*Addition* à ce titre, qu'ils ont pris le 31 mars 1834, à la charge, par le cessionnaire, de ne point exercer ces droits dans les départemens du *Bas-Rhin,* du *Haut-Rhin,* de la *Haute-Saône,* de la *Meurthe,* de la *Moselle* et des *Vosges;* le privilége d'exploiter les brevets, dont il s'agit, dans les départemens précités, demeurant formellement réservé à M. Sarrazin, pour en jouir seul, à l'exclusion de M. Pressat, de M. Mathieu lui-même, et de tous autres.

8°. — Cession faite, le 26 février, à MM. Traxler *fils* et Bourgeois, Ingénieurs-Mécaniciens, à Arras (Pas-de-Calais); par M. Champonnois, de ses droits au brevet d'*Invention* de 5 ans, qu'il a pris, conjointement avec M. Martin, le 23 juillet 1834, pour un *Système complet d'Appareils destinés à l'Extraction du Jus de Betterave par Macération et Filtration, par l'effet d'un mouvement continu, simultané et en sens inverse des betteraves et de l'eau;* à la charge par les Cessionnaires de ne point exercer ces droits dans les départemens du *Bas-Rhin,* de la *Côte-d'Or,* de la *Haute-Marne* et du *Haut-Rhin.*

9°. — Cession faite, le 26 février, à M. Laginet, à Montpellier (Hérault); par M. de Pleuc, de tous ses droits au brevet d'*Invention* de 15 ans, délivré, le 29 juin 1827, à M. Paret, dont il est cessionnaire, pour de nouveaux *Instrumens de Pesage.*

10°. — Cession faite, le 5 mars dernier, à M. Dusaulchoy, rue des Moulins, n. 11, à Paris; par M. Labouriau, de tous ses droits: 1°. au brevet d'*Invention* de 10 ans qu'il a pris, le 18 juin 1832, pour des *Perfectionnemens apportés dans la Confection et l'Entretien des Chaussures;* 2°. au brevet de *Perfectionnement* et d'*Addition* à ce titre, qu'il a demandé le 14 janvier, ainsi qu'à tous les autres perfectionnemens qui pourraient s'ensuivre.

11°. — Société en commandite, formée le 5 mars, entre M. le Comte DE LAGARDE et M. LIÉNARD, Négociant, boulevart Mont-Parnasse, n. 63, à Paris, à l'effet d'exploiter en commun, sous la raison de *Liénard et Compagnie*, le brevet d'*Invention*, d'*Importation* et de *Perfectionnement* de 10 ans, délivré à M. DE LAGARDE, le 24 décembre 1834, pour l'*Application du Lin de la Nouvelle-Zélande à la production de matières propres à remplacer le chanvre, le lin d'Europe, la soie, le coton, le crin, le chiffon pour la papeterie, la charpie et l'amidon, et les procédés au moyen desquels on obtient ces différens résultats.*

12°. — Cession faite, le 17 mars, à M. LEBOUTEILLER, Négociant, rue de la Bourse, n. 1, à Paris; par M. MARSAIS, de ses droits au brevet d'*Invention* de 5 ans, qu'il a pris, le 20 décembre 1833, pour des TOURNEBROCHES ÉCONOMIQUES.

13°. — Cession faite, le 18 mars, à MM. DÉCOMBES, LAVOYE et TORTEL, Fabricans de Bas et de Bonnets, à Romans (Drôme); par M. PEYSSON, de tous ses droits au brevet d'*Invention* de 5 ans, qu'ils ont pris ensemble, le 22 août 1834, pour un nouveau *Procédé mécanique propre au Garnissage des Bas et des Bonnets*, procédé qu'ils nomment CARDOLINE.

14°. — Cession faite, le 26 mars, à M. PHILIPPARD, Instituteur, commune de Bretteville-sur-Laize, arrondissement de Falaise (Calvados); par MM. TALLON, ASHLEY et LEMAITRE, de leurs droits (pour le canton de Bretteville-sur-Laize seulement) au brevet d'*Invention* de 10 ans, qui leur a été délivré, le 13 août 1834, pour une nouvelle *Méthode d'Écriture* qu'ils nomment CALLIGRAPHIE PERFECTIONNÉE.

MACHINE

À

FAIRE LES BRIQUES,

DE

DE M. TERRASSON-FOUGÈRES,

AU TEIL (ARDÈCHE).

Tout le monde connaît la série des opérations par lesquelles on fait passer la terre, dans le travail à la main, pour la transformer en briques, en tuiles ou en carreaux; on sait que les ouvriers habiles et bien exercés accomplissent toutes ces opérations avec une grande promptitude, et qu'ils ne font en quelque sorte que toucher à la terre pour lui donner sa façon : mais il ne suffit pas d'y toucher une fois, il faut la prendre à plusieurs reprises et la faire passer par plusieurs mains, tellement qu'en dernier résultat, la dépense en main-d'œuvre devient une partie assez notable du prix de la brique complètement achevée, cuite, et mise en magasin.

On a donc fait un grand nombre d'essais pour fabriquer à la machine, c'est-à-dire pour ne laisser à la main de l'ouvrier que la moindre part possible à ce genre de travail; car, il y a tant de remaniemens différens, de déplacemens et de transports, pour façonner la brique, la sécher graduellement, l'arranger dans le four, la cuire, la retirer du four et l'emmagasiner, qu'il n'y a guère à espérer qu'une machine accomplisse toutes ces opérations, ni même qu'elle accomplisse, sans de nombreux surveillans, celles que l'on pourra lui confier : c'est peut-être pour n'avoir pas bien fait ce partage entre ce qui peut convenir à la machine et ce qui doit rester à l'ouvrier, que l'on s'est tant de fois mépris dans les inventions auxquelles on est arrivé pour fabriquer mécaniquement les briques, les tuiles et les carreaux.

Nous connaissons une vingtaine de Machines inventées dans ce but depuis environ 30 ans, et celle de M. Terrasson-Fougères paraît être, jusqu'à présent, la seule qui ait été exploitée avec avantage : cependant, considérées

théoriquement, toutes ces machines ont quelque chose de remarquable et d'ingénieux; elles sont en général très propres à faire de la brique, mais elles n'offrent ni avantage ni économie sur le travail à la main, parce qu'elles exigent trop de surveillance pour le petit nombre des opérations qu'elles accomplissent.

Nous essaierons de donner une idée du principe fondamental sur lequel repose la construction des diverses Machines, en les divisant de la manière suivante :

1°. Machines qui imitent le moulage à la main;

2°. Machines qui font le moulage par un mouvement de rotation continu;

3°. Machines qui font le moulage avec un moule qui découpe;

4°. Machines qui font le moulage au moyen d'une filière, et qui découpent ensuite soit avec un couteau soit avec un fil.

Les Machines qui imitent le moulage à la main se composent d'un cadre en fonte auquel on imprime un mouvement de va-et-vient par des combinaisons mécaniques plus ou moins ingénieuses : dans la première partie de sa course, le moule se remplit en passant sous la trémie qui contient la terre; dans la seconde partie, il passe sous un levier qui exerce la pression nécescessaire; et, dans la troisième partie, il déborde la plaque qui fait le fond pour arriver sous un poussoir qui fait sortir la brique du moule; puis l'opération se renouvelle et se répète indéfiniment.

Parmi les machines de cette espèce, nous citerons :

1°. Celle de M. Kinsley, publiée en 1813 dans le 12ᵉ volume du *Bulletin de la Société d'Encouragement*, page 177;

2°. Celle de M. Delamorinière, brevetée en 1825, et dont le mécanisme ne laisse rien à désirer;

3°. Celle de M. Thierrion, d'Amiens, brevetée en 1829.

Les Machines qui font le moulage par un mouvement de rotation continu sont tout-à-fait analogues aux précédentes : seulement, au lieu d'un moule, on en emploie plusieurs, qui sont disposés tantôt sur un plateau circulaire tournant autour d'un axe vertical, tantôt sur la surface d'un cylindre tournant autour d'un axe horizontal.

Parmi les Machines-à-plateau, nous citerons :

1°. Celle des environs de Washington, communiquée par M. Doolitle et publiée en 1819 dans le *Bulletin de la Société d'Encouragement*, vol. 18, page 361;

2°. Celle de M. Levavasseur-Précour, brevetée en 1826;

3°. Celle de MM. Champion, Fabre et Janier-Dubry, de Besançon, brevetée en 1830.

Parmi les Machines-à-Cylindre, nous citerons :

1°. Celle de Mᵐᵉ la baronne Gavedel-Geanny, brevetée en 1826, et publiée, par ordonnance de déchéance, dans le 23ᵉ volume des *Brevets*, page 95;

2°. Celle de M. Naudot et compagnie, brevetée en 1828, et cédée à M. Quatresols-de-Marolles, à Sainte-Colombe, près Provins;

3°. Celle de M. Cartereau, brevetée en 1829, et qui va être publiée, par ordonnance de déchéance, dans le prochain volume des *Brevets*.

Lorsqu'on se sert de plateaux tournans, c'est en général par des systèmes de leviers ou de plans inclinés que la brique est pressée et chassée hors du moule.

Lorsqu'on se sert de cylindres, les moules ont un fond muni d'une queue, et un mécanisme particulier pousse la queue pour chasser la brique hors du moule lorsqu'elle arrive au point le plus bas de sa course.

Tous ces mécanismes sont excessivement compliqués, et il semble véritablement impossible de les combiner d'une manière assez simple.

Les machines qui font le moulage avec un moule qui découpe diffèrent des précédentes en ce que la terre doit être préalablement préparée en nappe d'une épaisseur convenable, et le moule tombe sur cette nappe avec une pression suffisante pour agir comme un emporte-pièce.

Parmi ces machines, nous citerons :

1°. Celle de M. Cundy, qui a été brevetée en Angleterre, et publiée en 1827, par M. Saint-Amand, dans le *Bulletin de la Société d'Encouragement*, vol. 26, page 348;

2°. Celle de MM. Bosq frères, Girault et Taxil frères, brevetée en 1829;

3°. Celle de M. Virebent, de Toulouse, brevetée en 1831; mais celle-ci a principalement pour objet d'exécuter par pression divers ornemens d'architecture, et, sous ce rapport, elle semble atteindre son but avec avantage.

Enfin, les machines qui font le moulage par une filière sont, en général, composées : ou d'un piston qui pousse la terre par petites portions, qui la presse, et qui l'oblige ainsi à se mouler en passant par le trou de la filière; ou d'un piston qui pousse la terre en bloc et la fait sortir de la filière en prisme d'une forme voulue : dans les deux cas, il faut un couteau ou un fil de fer pour couper les briques d'épaisseur et une à une.

Parmi les machines de cette espèce, nous citerons :

1°. Celle de M. Hottenberg, conseiller de l'empereur de Russie; elle était en activité à Saint-Pétersbourg en 1807, et se trouve publiée dans le 12ᵉ volume du *Bulletin de la Société d'Encouragement*, page 173;

2°. Celle de M. George, de Lyon, brevetée en 1828 et publiée après expiration de brevet dans le 25ᵉ volume des *Brevets d'Invention*, page 296.

Tels sont les principes des diverses Machines-à-Briques qui sont venues à notre connaissance.

Toutefois, nous nous empressons d'ajouter que celle de M. Terrasson-Fougères, que nous allons décrire, ne rentre dans aucune des catégories précédentes : elle fait le moulage sans moule, et elle découpe 10, 20, 30 ou même 40 briques à la fois, sans couteau ni emporte-pièce. M. Terrasson n'a amené sa machine que lentement, et par des essais multipliés, au point de perfection où elle est aujourd'hui : dans l'origine, il employait des espèces de moules, et c'est avec cette disposition qu'il se présenta en 1828 au concours de la Société d'Encouragement, où il obtint le premier rang parmi ses concurrens et la grande médaille d'or ; depuis cette époque, il n'a cessé de travailler avec sa Machine, et, en habile et ingénieux observateur, il est parvenu à lui donner un degré de simplicité qui est véritablement très remarquable : on en pourra juger en comparant notre description à celle qui a été publiée en 1829 dans le 28e volume du *Bulletin de la Société d'Encouragement*, page 311.

M. Terrasson avait pris un brevet de 5 ans seulement en 1831, mais, par ordonnance du 3 mars 1835, la durée de son brevet a été prolongée de 10 ans, et elle n'expire en conséquence que le 31 décembre 1846.

Les renseignemens dont nous avons eu besoin nous ont été fournis avec beaucoup d'empressement par M. Terrasson lui-même, soit d'après la Machine qu'il exploite au Teil (Ardèche) où il fait d'excellentes briques réfractaires, soit d'après les machines qui font des briques ordinaires à Saint-Etienne, chez M. Pleney, à Grenoble et à Auxonne.

Notre description est divisée de la manière suivante :

1°. *Disposition du bâti, de la chaîne-sans-fin, et des machines à mouler la terre ;*

2°. *Moyens de mouler la terre ;*

3°. *Moyens de découper les briques ;*

4°. *Préparation des terres.*

DISPOSITION DU BATI, DE LA CHAINE-SANS-FIN,

ET DES

MACHINES A MOULER LA TERRE.

Le bâti est composé de deux longues flasques en bois ABC (fig. 1, 2 et 3), à peu près analogues aux flasques d'un haquet ; leur longueur est de 5 à 6 mètres, et chacune d'elles peut être de deux pièces réunies à boulons et à écrous, comme on le voit en a'' (fig. 1) ; ces deux flasques sont jointes l'une à l'autre, et consolidées entre elles par deux traverses extrêmes A′, C′ et par trois entre-toises B′ (fig. 1 et 3) ; elles sont en outre portées sur 3 paires de roues a, b, c, au moyen des poutrelles assemblées a', a' ; b', b' ; c', c' ; qui viennent aboutir aux essieux en fer de ces roues : on voit que tout l'équipage peut ainsi être roulé d'un lieu à un autre à peu près comme une voiture ordinaire.

La chaîne-sans-fin a une disposition particulière qui se prête, on ne peu mieux, aux fonctions qu'elle doit remplir, comme nous le verrons plus loin quand nous aurons fait connaître son ajustement : elle est supportée par 6 rouleaux en bois montés deux à deux sur les 3 axes en fer d', e', g', dont on voit les positions relatives dans la coupe longitudinale (fig. 3), et la forme dans la coupe transversale (fig. 4).

L'axe e', représenté dans cette dernière figure, tourne sur des coussinets en bois, boulonnés au-dessous des flasques; il se prolonge au-dehors pour porter la roue dentée F, qui lui communique le mouvement qu'elle reçoit elle-même du pignon *f*, monté sur l'axe de la manivelle F′ (fig. 1 et 2), et il devient ainsi l'axe moteur de la Machine : les deux rouleaux E qu'il porte (fig. 4) peuvent se rapprocher l'un de l'autre ou s'éloigner à volonté; mais on règle leur distance suivant l'espèce de travail que l'on veut exécuter, et, pour cela, il suffit de placer convenablement les deux écrous qui les serrent et qui les arrêtent sur l'axe pour les obliger à prendre son mouvement de rotation; ces deux rouleaux, cylindriques et de même diamètre, présentent un rebord saillant *e* d'un diamètre un peu plus grand, dans lequel se trouvent plantées les chevilles en fer e''.

Les axes d' et g' sont tout-à-fait pareils au précédent, si ce n'est qu'ils n'ont pas de prolongement au-dehors des flasques; ils portent l'un et l'autre une paire de rouleaux semblables aux rouleaux E et pareillement arrêtés avec des écrous afin qu'on puisse régler la distance de leurs rebords saillans pour la rendre égale à la distance des rebords *e*. On voit en D et G (fig. 2) le bout extérieur des rouleaux montés sur les axes d' et g', et en D et G (fig. 3) leur bout intérieur et par conséquent la hauteur de leurs rebords saillans *d* et *g*. On peut remarquer que les trois axes d', e', g' sont en ligne droite, c'est-à-dire dans le même plan horizontal, et que les trois paires de rouleaux ont bien exactement le même diamètre, mais les rebords *e* sont les seuls qui soient armés de chevilles en fer.

Les coussinets de l'axe g' sont portés sur des pièces en fer g'' (fig. 2), taraudées par un bout afin que l'on puisse, au moyen d'un écrou, éloigner plus ou moins l'axe g' de l'axe d' pour donner à la chaîne-sans-fin une tension convenable, comme nous allons le voir.

Cette chaîne est double, elle est composée de deux lanières de cuir de même longueur, ayant une largeur convenable et réunissant en même temps beaucoup de force à une grande souplesse; on les maintient toujours grasses, autant pour les conserver que pour empêcher qu'elles ne deviennent trop rigides : l'une de ces lanières se voit en totalité en H (fig. 3), on peut remarquer comment elle se pose sur les 3 rouleaux en s'appuyant par sa tranche contre leurs rebords saillans; l'autre se voit seulement en partie en H (fig. 2), c'est celle qui passe sur les 3 rouleaux antérieurs. Sur chaque lanière on attache, avec des clous ou avec des vis, des espèces de dents en bois *h*, parfaitement égales, dont on voit l'épaisseur, la hauteur et la forme, dans les figures 1, 3 et 4; et l'on a ainsi deux chapelets ou deux chaînes indépendantes, qui cependant marcheraient ensemble, à moins que l'une d'elles n'éprouvât sur les rouleaux un peu plus ou un peu moins de glissement que l'autre : toutefois, pour les obliger à marcher de front et toujours d'accord, on perce toutes les dents au-dessus de leur racine et on les joint deux à deux par une cheville en fer h' (fig. 4), qui se prolonge en-dehors de chaque côté, et qui vient par ses deux bouts engrener avec les chevilles e'' dont se trouvent armés les rebords saillans des rouleaux E ; par ce moyen, la régularité du mouvement est assurée, et, comme les chevilles h' glissent dans leurs trous, elles n'empêchent pas que l'on ne puisse à volonté varier la distance des deux systèmes de dents ou la largeur de la chaîne : on doit remarquer encore qu'à l'extérieur, la racine des dents s'appuie sans cesse contre les rebords saillans des rouleaux, comme on le voit dans la figure 4 ; ainsi, quand ces rebords ont été bien réglés dans le même plan, on est assuré que les deux portions de la chaîne marcheront en ligne droite, sans faire de ventre latéralement, puisque leur écartement est maintenu d'une manière fixe.

Dans l'intervalle des rouleaux, le poids de la chaîne est soutenu par des galets I (fig. 3), sur lesquels passent les lanières de cuir, armées de leurs dents ; les axes en fer de ces galets tournent dans des coussinets i de bois dur, incrustés à queue d'aronde dans l'épaisseur des flasques, comme on le voit sur la figure 1.

MOYENS DE MOULER LA TERRE.

Voici maintenant comment s'accomplit le travail du moulage, sans qu'il y ait dans toute la Machine une seule pièce qui puisse, à proprement parler, être appelée un moule.

Sur les chevilles h', qui sont bien de niveau, on glisse une planche K (fig. 3) d'une longueur déterminée, également épaisse et bien dressée, qui remplit à très peu près la largeur qui a été adoptée pour la chaîne ou plutôt pour l'intervalle des dents opposées ; sur cette planche saupoudrée de sable arrive la terre toute préparée, c'est-à-dire mélangée, corroyée et mise au degré d'humidité convenable : tantôt on se contente de la jeter à la pelle, tantôt on dispose auprès de la machine le tonneau-corroyeur, qui est représenté dans les figures 2 et 3, et qui fournit lui-même toute la terre qui doit être soumise au moulage. Alors, l'ouvrier qui est à la manivelle met en mouvement la chaîne-sans-fin, qui entraîne la planche et la terre dont elle est chargée, et qui les oblige à passer sous le tambour-presseur L (fig. 1, 2 et 3) ; là, la terre éprouve un premier degré de pression, elle est comme si elle passait dans une espèce de filière, car elle se trouve enfermée entre la planche K, les dents de la chaîne, et la surface du tambour dont la hauteur est réglée de manière à ce qu'elle affleure toujours la tranche des dents comme l'indique la figure 4 : si la terre est jetée à la pelle, il faut l'arranger et l'égaliser un peu au-devant du tambour; mais, si elle est fournie par le tonneau-corroyeur, elle tombe et s'étale d'elle-même, puisqu'elle forme une nappe continue dont on a eu soin de déterminer d'avance la largeur et l'épaisseur. Aussitôt que la première planche est assez avancée, on en glisse une seconde qui lui fait suite immédiatement et qui la touche, puis une troisième qui touche la seconde, une quatrième qui touche la troisième, etc., etc., de telle sorte qu'il y ait un plancher continu qui passe sur la chaîne-sans-fin à mesure qu'elle tourne.

Après cette première pression, la terre arrive au-dessus des rouleaux DD; les dents de la chaîne s'en détachent aisément, puisqu'elles éprouvent le mouvement de bascule qui les fait passer en-dessous; en même temps, la première planche du plancher continu suit sa route en ligne droite sur les roulettes ou galets I' qui sont disposés à peu près comme les galets I, suivie et poussée par la troisième, et celle-ci par la quatrième, etc.; elle se présente sous le cylindre-calibreur M, qui presse encore la terre et qui lui donne exactement le degré d'épaisseur qu'elle doit avoir : par cette action la nappe s'élargit de chaque côté parce qu'elle est tout-à-fait libre (fig. 2), et ses bords dépassent un peu les bords du plancher; mais, un peu plus loin, se trouvent deux fils-de-fer *n* (fig. 2 et 3), tendus obliquement par des poids *n'*, qui coupent la largeur excédante et qui calibrent en largeur comme le cylindre M a calibré en épaisseur.

Toujours poussée en avant par le même mouvement, la tête du plancher arrive à la filière O (fig. 1, 2, 3 et 5), qui n'aurait pour but que de faire le parement des bords et de faire les arètes plus vives si l'on travaillait en ne donnant à la nappe qu'une épaisseur de brique, mais qui sert en outre à diviser la nappe sur sa hauteur lorsqu'on travaille en lui donnant deux épaisseurs de brique comme le représentent nos figures; alors, cette division s'accomplit au moyen du fil de fer horizontal *o* (fig. 5), tendu à la hauteur convenable.

Ainsi, au sortir de la filière, la nappe de terre a reçu tous les apprêts nécessaires; elle est toujours sur la planche, qui est son véritable moule, mais, dans sa route, elle a été successivement pressée, calibrée en épaisseur, calibrée en largeur, et parée sur toutes ses faces.

Il ne reste plus maintenant qu'à la découper avec soin pour en faire des briques d'une grandeur déterminée.

Nous expliquerons tout-à-l'heure le mécanisme très ingénieux que M. Terrasson a imaginé pour exécuter cette opération difficile, mais il est nécessaire, auparavant, d'ajouter quelques détails sur les diverses pièces qui concourent au moulage :

Le tambour-presseur L est en bois, solidement établi et parfaitement rond; il tourne sur un axe en fer supporté à ses deux extrémités par une pièce *l*, pareillement en fer (fig. 2), qui peut couler dans la traverse en bois L' et dans l'étrier en fer *l'*. — Au moyen des deux écrous *l''*, on peut ainsi faire monter ou descendre la pièce *l*, et par conséquent l'axe du tambour et le tambour lui-même, pour régler sa position par rapport au sommet des dents h. — On voit deux forts boulons en fer L″, qui relient l'étrier l' aux flasques du bâti, afin que, dans l'acte de la pression, le tambour ne se soulève pas en cédant à l'effort de bas en haut qu'il éprouve. — Enfin, un fil de fer j (fig. 3 et 4), tendu contre le tambour, empêche l'adhérence qui est toujours tant à redouter dans les machines à briques; il effleure et repousse la terre, au moment même où elle tendrait à quitter la surface de la nappe à laquelle elle appartient, pour venir s'attacher à la surface du tambour : ce moyen très simple a parfaitement réussi à M. Terrasson.

Le cylindre-calibreur M (fig. 1, 2 et 3) est aussi en bois et monté sur un axe en fer; sa surface, recouverte de feutre ou de gros drap, est sans cesse arrosée par les petits filets d'eau qui s'écoulent du baquet M′ : on règle sa hauteur, et par conséquent l'épaisseur de la nappe de terre, au moyen des vis m (fig. 2).

La filière O est en bois; elle ne sert aucunement à resserrer ou à comprimer la terre, mais seulement à en polir toutes les faces : pour faciliter cet effet et pour empêcher l'adhérence, on a soin de diriger vers ses angles supérieurs deux petits filets d'eau, au moyen des tubes inclinés o' (fig. 1 et 2).

MOYENS DE DÉCOUPER LES BRIQUES.

Les planches successives K, composant le plancher mobile qui porte la nappe de terre, ont toutes à leur surface inférieure une encoche p' d'environ un pouce (fig. 3), et elles sont soigneusement ajustées à la suite l'une de l'autre pour que l'intervalle de deux encoches soit toujours le même : quand la planche arrive à un certain point de sa course, à peu près au-dessus des roues a, l'encoche laisse partir un petit marteau p dont le poids vient à l'instant frapper la cloche P et avertir l'ouvrier qui est à la manivelle qu'il faut immédiatement arrêter le mouvement de la Machine; il suspend donc son travail pendant un instant très court, et c'est pendant cet intervalle de quelques secondes que la nappe de terre se trouve découpée dans une certaine longueur, de manière à donner un plus ou moins grand nombre de briques suivant le mode de division qui a été adopté. Dans nos figures, on découpe seulement 22 briques à la fois, et la partie de la Machine qui accomplit ce travail a été appelée *la bascule* par M. Terrasson-Fougères, son inventeur.

La bascule est vue en élévation par-devant dans la figure 2, elle est vue en-dessus dans la figure 1, en coupe longitudinale dans la figure 3, et dans la figure 6, en coupe transversale suivant la ligne 3-4 de la fig. 2 : elle tourne à charnière sur le sommet des deux montans q (fig. 1 et 6), qui sont portés par deux consoles Q, ayant une de leurs extrémités boulonnée à la flasque du bâti et l'autre réunie par la traverse Q'. La bascule elle-même est une espèce de cadre en bois composé, d'abord, des deux fortes pièces transversales R, qui vont s'articuler au sommet des deux montans q, et, ensuite, des trois pièces longitudinales S, T, U, fortement assemblées avec les premières : ce système est encore consolidé par les deux petites pièces r, r (fig. 1 et 3). Un levier V (fig. 2), dont le point d'appui est sur le montant V', vient saisir, au moyen d'une corde ou d'un crochet en fer v, le milieu de la traverse antérieure S; et l'ouvrier qui est chargé de mettre les planches à l'origine de la chaîne-sans-fin, peut aisément, en saisissant la longue queue du levier soulever la bascule ou la laisser tomber à un instant donné. Les deux premières traverses S et T (fig. 1 et 6) portent chacune 11 poulies égales s et t montées sur un axe en fer qui tourne librement, et la troisième traverse U porte une plaque en fer percée de onze trous u correspondant aux onze poulies. Enfin, il y a encore, sur le derrière de la Machine, un axe en fer tournant sur les consoles Q, qui porte pareillement 11 poulies q'; et sur le devant, en X (fig. 1 et 2), une longue tringle en fer portée par les deux pitons x (fig. 6).

Si l'on imagine maintenant que la bascule soit soulevée comme l'indique la figure 6, et que 11 fils de fer ou de cuivre x' suffisamment longs soient fixés sur la tringle X et s'en aillent passer sur les poulies s, sous les poulies t, dans les trous u et sur les poulies q'; qu'ils descendent ensuite verticalement pour supporter les poids X' par l'intermédiaire des élastiques ou des ressorts à boudin x'' : il est évident qu'il faudra exercer sur la queue du levier V un effort plus ou moins considérable pour empêcher la bascule de retomber, puisqu'elle sera sollicitée par son propre poids et par l'action des poids X', qui tirent les fils avec plus ou moins d'intensité.

Il est pareillement évident qu'en abandonnant peu à peu la queue du levier pour laisser redescendre la bascule jusqu'à la position ponctuée sur la figure 6, tous les poids s'abaisseront de X' en X'', et tous les fils glisseront de la même quantité en exécutant un mouvement pareil à celui d'une scie.

Ces fils sont les couteaux qui découpent la nappe de terre en briques parfaitement égales, et le glissement qu'ils éprouvent sous une tension assez forte facilite singulièrement cette opération : il suffit de bien ajuster chacun d'eux pour que son point d'attache, les gorges des poulies et le trou u par lequel il passe, se trouvent bien dans le même plan; et d'espacer les points d'attache et les poulies pour que l'intervalle de deux fils consécutifs soit précisément égal à la largeur d'une brique crue.

On fait ainsi 11 briques à chaque coup de bascule, quand on travaille avec une seule épaisseur de brique; et l'on en fait 22, quand on travaille avec une double épaisseur (comme l'indiquent nos figures), la nappe ayant été refendue par le fil horizontal adapté à la filière. On pourrait même disposer la Machine et la bascule pour en faire un plus grand nombre : soit en opérant sur une nappe plus large, portée par deux planches et refendue à la filière par un fil vertical; soit en employant une bascule plus longue, etc.

Lorsque, après avoir découpé la double rangée de briques dans toute son épaisseur, l'ouvrier a relevé la bascule, la Machine reprend sa marche jusqu'à ce que le coup de cloche avertisse qu'il faut arrêter : alors, on arrête en effet pour donner un nouveau coup de bascule, et l'opération se répète ainsi indéfiniment avec une grande promptitude et une étonnante régularité.

On voit seulement qu'entre deux coups de cloche, il faut que le plancher mobile avance exactement de 11 largeurs de brique, car, si elle avançait un peu plus ou un peu moins, la brique qui suit la dernière du coup précédent serait trop large ou trop étroite; voilà pourquoi la distance des encoches p' doit être très précise et égale à 11 largeurs de brique, ou une longueur multiple de celle-là, car, autrement, la distance des encoches ne serait plus constante.

On peut aisément donner 4 coups de bascule par minute, et par conséquent fabriquer 80 briques dans le même temps, ce qui produirait 4800 briques à l'heure et 48000 briques par journée de 10 heures, s'il n'y avait aucune intermittence. Mais, les mêmes ouvriers ne pourraient pas soutenir pendant une journée entière un travail aussi assidu, et, en fabrication courante, on n'arrive guère, d'après le témoignage de M. Terrasson, qu'à 20 ou 25 mille briques par jour : à ce compte, l'ouvrier qui est à la manivelle n'a à donner qu'environ 14 tours par minute.

Les planches qui portent les briques découpées continuent leur route sur des allonges ou sur des espèces d'échelles à rouleaux qui s'adaptent à la suite de la Machine et qui sont portées sur des tréteaux; on les fait arriver de la sorte aussi près que possible du lieu où les briques doivent être déposées pour éprouver le premier degré de dessiccation.

Les fils que M. Terrasson emploie de préférence sont des fils de fer ou de cuivre n° 6; ils ne sont par directement attachés à la tringle X, mais à des ficelles qui s'étendent à peu près depuis la tringle X jusqu'aux poulies t quand la bascule est descendue dans sa position ponctuée : les poids X', qui chargent chaque fil, sont de 7 kilogrammes; et les ressorts-à-boudin x'' contribuent à adoucir les chocs ou les mouvemens brusques qui feraient rompre les fils quand on fait jouer la bascule.

PRÉPARATION DES TERRES.

M. Terrasson a adopté, pour préparer ses terres, le tonneau-corroyeur Y (fig. 2 et 3), qui est employé depuis long-temps dans toutes les fabriques où l'on veut établir économiquement des mélanges très intimes et très homogènes sans délayer les matériaux dans l'eau.

Les terres sont prises dans la fosse où elles ont été humectées au point convenable, et une chaîne-sans-fin Z, munies de tablettes ou planches z, les apporte et les verse dans le tonneau Y. Un manége à deux ou quatre chevaux met en mouvement l'arbre horizontal W, qui porte une roue droite *w* et une roue d'angle *w'* : la roue droite *w* engrène avec la roue droite *z'*, qui est montée sur l'axe Z' du tambour supérieur de la chaîne-sans-fin; la roue d'angle *w'* engrène avec la roue pareille *y'*, montée sur l'axe Y' du tonneau-corroyeur : c'est ainsi que le manége fait en même temps marcher la chaîne-sans-fin et les couteaux *y''*, montés sur l'axe Y'. Ces couteaux obliques et disposés en plans inclinés divisent la terre, la coupent et la recoupent un grand nombre de fois, et l'obligent en même temps à descendre, parce qu'ils agissent à peu près comme une vis pour la pousser en bas. Au fond du tonneau se trouve une porte ou plutôt un registre *y* dont on règle l'ouverture au moyen de la vis *y'''*.

Quand on veut en même temps corroyer la terre et fabriquer les briques, on dispose le tonneau Y comme il est représenté sur nos figures, pour que la nappe qui sort du tonneau tombe et se développe sur le plancher mobile : mais comme, en général, le travail du corroyage ne peut pas être aussi prompt que celui de la machine, on corroie d'avance et l'on conduit la machine auprès des monceaux de terre toute préparée, et un ouvrier dessert la Machine en prenant la terre avec la pelle pour la jeter sur les planches en avant du tambour.

LÉGENDE DES PLANCHES 9 ET 10.

La figure 1re, planche 9, est une vue en-dessus ou un plan de la Machine jusqu'au tambour-presseur seulement.

La figure 2e de la 9e planche représente une élévation longitudinale de toute la Machine.

La figure 3, planche 10, est une section longitudinale de toute la Machine.

La figure 4, planche 10, est une section transversale, faite suivant la ligne 1—2 (fig. 2).

La figure 5, planche 10, est une vue de la filière, prise par derrière.

La figure 6, planche 10, est une section de la bascule, faite suivant la ligne 3—4 (fig. 1).

ABC, figures 1 et 2 : les deux flasques du bâti.

A', fig. 1 et 3 : traverse qui joint les extrémités A des deux flasques.

B', fig. 1 et 3 : trois entretoises qui joignent et consolident les flasques.

C' fig. 3 : traverse qui joint les extrémités C des flasques.

a, *b*, *c*, fig. 2 et 3 : trois paires de

roues qui portent la Machine.

a', b', c' : trois doubles paires de poutrelles qui réunissent les flasques du bâti aux essieux des roues a, b, c.

a'', fig. 1 et 2 : boulons d'assemblage des deux parties d'une même flasque, quand le bois n'est pas assez long pour la faire d'une seule pièce.

D, fig. 2 et 3 : paire de rouleaux en bois montés sur l'axe d'.

d, rebord saillant sur chacun des rouleaux D.

d', axes des rouleaux D.

E, paire de rouleaux montés sur l'axe e'.

e, rebord saillant sur chacun des rouleaux E.

e', axe des rouleaux E; c'est en même temps l'axe-moteur.

e'', fig. 2, 3 et 4 : chevilles en fer dont sont armés les rebords e.

F, fig. 1, 2 et 4 : roue dentée montée sur le prolongement de l'axe e'.

f, pignon qui commande la roue F.

F', manivelle-motrice montée sur l'axe du pignon f.

G, fig. 2 et 3 : paire de rouleaux montés sur l'axe g'.

g, rebord saillant des rouleaux G.

g', axe des rouleaux G.

g'' fig. 2 : pièce en fer portant les coussinets de l'axe g'; elle est taraudée par un bout afin que l'on puisse, en tournant son écrou, donner à la chaîne-sans-fin une tension convenable.

H, fig. 2 et 3 : deux lanières de cuir formant la partie flexible et continue de la chaîne-sans-fin.

h, dents en bois fixées sur les lanières H.

h', fig. 2, 3 et 4 : chevilles en fer passant par les trous des deux dents opposées et venant engrener avec les chevilles e'', dont elles reçoivent le mouvement.

I, fig. 3 : galets en bois disposés entre les rouleaux pour soutenir le poids de la chaîne.

i, fig. 2 et 3 : coussinets en bois dur incrustés dans les flasques pour porter les axes en fer des galets I.

I', galets semblables aux précédens et servant à soutenir les planches dans leur mouvement jusqu'au bout de la Machine.

j, fig. 3 et 4 : fil-de-fer qui nettoie le tambour L.

K : planches qui se glissent d'abord sur les chevilles h' pour recevoir la terre, et qui poussées l'une par l'autre, se meuvent ensuite jusqu'au bout de la Machine.

L, fig. 1, 2, 3 et 4 : tambour-presseur; il est en bois et tourne sur un axe en fer.

l, fig. 2 : pièce en fer qui porte les extrémités de l'axe du tambour; elle peut glisser verticalement, mais elle s'arrête à la hauteur convenable au moyen de l'écrou l''.

L', traverse en bois supportée par deux forts montans qui s'élèvent sur les flasques.

l', étrier en fer adapté au-dessus de la traverse L', servant de support à l'écrou.

L'', deux grands boulons dont les têtes prennent les bouts de l'étrier, et dont les écrous sont au-dessous des flasques.

l'', écrous qui servent à fixer la pièce l.

M, fig. 1 et 3 : cylindre-calibreur.

m, fig. 2 : écrous de deux tiges taraudées, servant à supporter l'axe du cylindre M.

M′, fig. 1 et 2 : baquet plein d'eau pour arroser le cylindre M et les bords de la filière O.

n, deux fils-de-fer obliques servant à raser les deux bords de la planche pour couper la terre qui excède sa largeur.

n′, poids qui tendent les fils *n*.

O, fig. 1, 2, 3 et 5 : filière dans laquelle passe la planche chargée de sa nappe de terre déjà calibrée en épaisseur et en largeur.

o, fig. 5 : fil tendu horizontalement derrière la filière pour refendre la nappe de terre lorsqu'on travaille avec une épaisseur de deux briques.

o′, tubes inclinés aboutissant près de la filière O pour l'arroser.

P, cloche qui, à l'instant où il faut donner le coup de bascule, avertit l'ouvrier de la manivelle qu'il doit immédiatement suspendre le mouvement de la Machine.

p, petit marteau qui frappe la cloche.

p′, encoche faite dans la planche ; elle permet au marteau de tomber sur la cloche lorsqu'elle arrive à l'extrémité de sa queue.

Q, fig. 6 : consoles boulonnées à la flasque postérieure du bâti.

Q′, traverse qui réunit les extrémités des consoles Q.

q′, deux montans qui s'élèvent à l'extrémité des consoles Q et de la traverse Q′.

q′, poulies montées sur l'axe en fer qui s'étend entre les deux consoles Q.

R, les deux montans-à-charnière du cadre qui compose la bascule.

r, deux petits montans parallèles aux montans R.

S, T : deux traverses perpendiculaires aux montans R.

s, *t* : poulies montées sur l'axe en fer qui est porté par les traverses S, T.

U, troisième traverse de la bascule.

u, trous percés dans les pièces en fer de la traverse U.

V, fig. 1 : levier qui sert à soulever la bascule.

V′, support du levier V.

v : crochet en fer, fixé au levier V au moyen d'une clavette, et à la traverse S au moyen d'un piton.

W, fig. 1 et 3 : axe mû par un manége et portant les roues *w* et *w*′.

w, grande roue commandant la roue *z*′ de la chaîne-sans-fin.

w′, roue d'angle engrenant avec une même roue *y*′ au sommet de l'axe Y′.

X, tringle qui sert de point d'attache aux fils de fer ou de cuivre.

x, pitons qui portent la tringle X.

X′, poids qui servent à donner aux fils de fer la tension convenable.

X″, position des poids X′ quand la bascule est descendue.

x′, fils-de-fer ou de laiton nº 6.

x″, élastiques ou ressorts-à-boudin par lesquels les poids X′ sont attachés aux fils-de-fer.

Y, fig. 1 et 3 : tonneau-corroyeur.

y, registre ou porte du tonneau.

Y′, axe qui porte la roue *y*′ et les couteaux *y*″.

y′, roue d'angle au sommet de l'axe Y, commandée par la roue pareille *w*.

y'', couteaux disposés en hélice autour de l'axe Y'.

Z : chaîne-sans-fin, à laquelle sont fixées les palettes *z*.

z, palettes en bois servant à apporter la terre pour alimenter le tonneau Y.

Z', axe supportant la roue du chapelet (ou la chaîne-sans-fin) ainsi que la roue *z'*.

z' : roue commandée par la roue *w*; elle fait tourner l'axe Z' ainsi que la roue ou le tambour qui porte la chaîne-sans-fin.

MACHINE

A

FAIRE LES CANETTES

POUR LES

MÉTIERS A TISSER.

Nous devons à l'obligeance de M. De Bergue les dessins de la machine à faire les canettes que nous allons décrire. Le témoignage de cet habile constructeur, qui s'occupe depuis si long-temps et avec tant de zèle de tout ce qui tient aux perfectionnemens des machines à filer et à tisser, ne peut pas nous laisser de doute sur l'utilité de la machine dont il s'agit; et nous nous empressons de la faire connaître au public, persuadés que les résultats très remarquables que M. De Bergue en a obtenus depuis quelques mois deviendront de plus en plus avantageux : une seule machine suffit pour alimenter 40 ou 50 métiers mécaniques, et n'exige qu'une faible force.

Le bâti est composé de deux pièces en fonte tout-à-fait pareilles A, B, C, qui sont représentées sur la vue par le bout de la machine (fig. 1), et sur la coupe (fig. 2, pl. 11). Ces deux pièces sont réunies à leur sommet, par le madrier D (fig. 2); à leur partie antérieure, par les madriers E et F; et à leur partie postérieure, par la traverse d'assemblage *b* : leur distance ou la largeur de la machine est de $1^m,53$.

Le madrier D, fixé au bâti par les boulons *d*, est destiné à porter les 48 broches *d'* sur lesquelles tournent les bobines D' (fig. 3, pl. 12), dont le fil sert à faire les canettes. Les figures 1, 2 et 3, font voir la position de ces broches et celle des bobines : on met à la base de chaque broche une petite rondelle en cuir sur laquelle tourne la bobine; en même temps, on place une rondelle de plomb sur la base supérieure de chaque bobine pour lui donner en même temps de la stabilité et le frottement nécessaire pour qu'elle ne se déroule pas trop vite.

Le madrier E, fixé au bâti par les boulons *e* (fig. 1), est destiné à porter les 48 crapaudines *e'* (fig. 2 et 3) sur lesquelles tournent les broches G : ces crapaudines sont des vis en cuivre dont les têtes sont creusées pour recevoir les extrémités arrondies des broches; elles se fixent dans des trous du madrier E convenablement espacés et rangés en ligne droite.

Le madrier F, fixé au bâti par les boulons f (fig. 1), est destiné à porter les 48 collets à coulisses f' (fig. 2 et 3), dans lesquels s'engage la gorge de la broche G, qui ne surpasse que très peu l'épaisseur des collets f; ces collets sont en fer, et ils se fixent chacun par une vis sur le madrier F.

Les broches G sont en fer; leur extrémité supérieure est fendue (fig. 4), afin de former ressort et de mieux retenir la canette en bois g', à la hauteur convenable: chaque broche porte une molette g, par laquelle elle reçoit le mouvement de rotation qui envide le fil.

Pour faire tourner simultanément les 48 broches G et leur imprimer la même vitesse, il y a, sur le derrière de la machine, un tambour en bois h (fig. 1, 2 et 3), qui s'étend d'un côté à l'autre du bâti, et qui est monté au moyen de trois croisillons en fonte sur l'axe en fer H, dont l'extrémité porte la poulie-fixe I et la poulie folle I' (fig. 3); un moteur quelconque agit au moyen d'une courroie sur la poulie-fixe I pour imprimer au tambour h un mouvement de rotation d'une rapidité convenable; et 48 cordelettes croisées h' (fig. 2), passant en même temps sur le tambour et sur l'une des molettes ou poulies g, viennent faire tourner les broches G avec une vitesse cinq ou six fois plus grande, parce que le diamètre des poulies g est cinq ou six fois moindre que celui du tambour.

La fourchette L, qui sert à arrêter le mouvement en faisant passer la courroie de la poulie-fixe à la poulie-folle, se trouve supportée par une pièce L' boulonnée au bâti, et elle se meut sur cette pièce autour de l'axe l; mais, en même temps elle se prolonge vers le haut pour aller, par l'extrémité de sa queue, s'engager dans l'anneau qui termine la tringle en fer M (fig. 3), qui est toujours à la portée de la main de l'ouvrier, en sorte qu'il lui suffit de pousser cette tringle pour arrêter la Machine ou pour la mettre en mouvement.

Le fil, en quittant les bobines D', vient passer sur la tringle M (fig. 3), puis entre les rouleaux de bois N, N, puis enfin sous la tringle directrice P, qui le distribue, par des mouvemens alternatifs de bas en haut et de haut en bas, sur toute la longueur de la canette, en le forçant de s'enrouler plus long-temps sur les portions de la canette qui doivent recevoir un plus grand nombre de tours.

La tringle M est supportée par les deux pièces m, m (fig. 1, 2 et 3), qui sont boulonnées chacune sur l'un des côtés du bâti; elle peut glisser sur ses supports, mais elle porte deux goupilles d'arrêt pour limiter l'amplitude de ses mouvemens.

Les rouleaux de bois N, N sont supportés par les deux pièces à coulisses n, n (fig. 1, 2 et 3) qui sont fixées à chacun des côtés du bâti par des boulons, mais qui peuvent aisément, suivant la nature du fil, être plus ou moins inclinées.

Il nous reste à voir maintenant comment la tringle directrice P accomplit avec précision ses mouvemens de bas en haut et de haut en bas dans des temps donnés, pour envider, sur les différens points de la longueur de la canette, des couches de fil d'une épaisseur convenable et qui se reproduisent constamment les mêmes. On trouvera peut-être au premier abord que cet effet n'est obtenu qu'au moyen d'une grande complication de mécanisme, mais l'on verra du moins qu'en dernier résultat il ne laisse rien à désirer.

La tringle P est portée à chacune de ses extrémités par un balancier dont les deux bras inégaux *p* et *q* (fig. 3) oscillent autour d'un axe très court *o*, qui lui sert de centre, et qui est cependant mobile lui-même suivant certaines lois; l'extrémité du bras *q* se termine aussi par un axe pareil Q (fig. 1 et 3), dont le prolongement extérieur s'engage dans une coulisse du bâti et qui se trouve là dirigé suivant une ligne droite verticale dont il ne peut pas s'écarter. En fixant l'axe *o* du balancier, on conçoit qu'il suffirait de faire monter ou descendre l'axe Q dans la coulisse pour faire au contraire descendre ou monter la tringle directrice P et pour promener le fil sur la hauteur de la canette : mais ce simple mouvement ne remplirait pas le but d'une manière satisfaisante; c'est pourquoi l'axe *o*, au lieu d'être fixe, se trouve simplement posé sur l'excentrique *r*, qui l'élève ou l'abaisse suivant la longueur de ses rayons, tandis que l'excentrique *z*, en pressant l'axe Q, force l'extrémité du balancier à descendre d'un mouvement uniforme. Ces contacts des axes *o* et Q du balancier avec les excentriques *r* et *z*, se font au moyen des galets à gorge qui ne présentent que peu de frottement, et qui servent en outre à maintenir les balanciers dans leur plan vertical, pendant les oscillations qu'ils exécutent.

Pour mieux faire comprendre le mécanisme qui doit agir sur le balancier, nous avons représenté sur la figure 5 les diverses périodes des mouvemens qui sont exécutés par ses deux extrémités et par son axe *o*.

Le plus petit rayon de l'excentrique *z* est de 72 millimètres, le plus grand est de 120 millimètres, et l'accroissement de 48 millimètres pour passer du premier au second rayon se trouve réparti uniformément sur toute la circonférence, de telle sorte que les rayons croissent de 1 millimètre par chaque 48me de circonférence : ainsi, l'axe Q s'abaisse successivement de 1 millimètre pour chaque 48me de tour que fait l'excentrique *z*.

Le plus grand et le plus petit rayons de l'excentrique *r* sont opposés l'un à l'autre : le premier a 92 millimètres, et le second 75 millimètres; ils forment un diamètre qui divise l'excentrique en deux parties symétriques, et les rayons croissent et décroissent aussi proportionnément pour passer du plus petit au plus grand ou du plus grand au plus petit : dans la position initiale de l'excentrique *r*, c'est son petit rayon qui est en haut; ainsi, pour un quart de révolution de cet excentrique, l'axe *o* du balancier s'élève de 8^{mm}, 5, et, pour une demi-révolution, il s'élève de 17 millimètres; puis il retombe à 8^{mm},5 de hauteur après trois quarts de tour, et il revient à sa position initiale après une révolution complète.

Le mécanisme est combiné pour que la canette se fasse entièrement pendant que l'excentrique *z* accomplit une révolution entière, et pour que, dans le même temps, l'excentrique *r* fasse 48 révolutions complètes.

Maintenant il est facile, d'après ces conditions, de tracer le jeu de la tringle directrice P.

En effet, si nous marquons les deux positions extrêmes que peut prendre l'axe mobile *o* du balancier, au point de départ, puis après une demi-révolution de l'excentrique *r*, il est évident qu'il reviendra à sa 1re position 48 fois, après chacune des 48 révolutions; qu'il reviendra à la seconde aussi 48 fois, savoir : après $\frac{1}{2}$ révolution, après 1 $\frac{1}{2}$, 2 $\frac{1}{2}$, 3 $\frac{1}{2}$, etc., jusqu'à 47 $\frac{1}{2}$. Comme la distance des axes *o* et Q, ou la longueur des bras *q* des balanciers, est de 345 millimètres; tandis que la distance des deux axes *o* à la tringle P, ou la la longueur des bras *p* des balanciers, n'est que de 305 millimètres : il en résulte que, si l'excentrique *z* était immobile ou si l'axe Q conservait sa position, la tringle P s'élèverait de 32 millimètres pendant le premier demi-tour de l'excentrique *r* et redescendrait de la même quantité pendant le deuxième demi-tour. Mais, puisque l'excentrique *r* fait un 48e de révolution pendant que l'excentrique *r* fait 1 tour, et que l'axe Q descend de 1 millimètre, il est facile de voir que la tringle P va parcourir de bas en haut un peu plus de 32 millimètres pendant la première demi-révolution de l'excentrique *r*, et qu'elle va redescendre d'une quantité un peu plus petite que 32 millimètres dans la deuxième demi-révolution; car, elle ne redescendrait que de 31 millimètres si les bras *p* et *q* du balancier étaient égaux, et resterait ainsi relevée de 1 millimètre, tandis qu'en réalité, elle ne reste relevée que de 0mm,86. Comme la canette fait 41 ou 42 tours pendant que l'excentrique *r* fait 1 tour, il en résulte que la tringle P, pendant son mouvement ascensionnel de 32 millimètres, distribue dans cet espace 42 tours de fil, et qu'elle en distribue pareillement 42 tours pendant son mouvement descendant de 31 millimètres.

Tel est l'effet qui se produit pendant le 1er tour de l'excentrique *r*; et cet effet se répètera exactement pendant les 48 tours, avec cette seule modification qu'après chaque tour entier la tringle P se trouvera relevée de 0mm,86, en sorte qu'après les 48 tours elle se trouvera relevée de 42 millimètres.

Le résultat définitif de ces mouvemens est représenté dans la figure 5, où les 48 doubles plis de la ligne serpentante *yy* indiquent les extrémités, les hauteurs relatives et les amplitudes, des 48 oscillations doubles de la tringle directrice P. En concevant que cette ligne soit coupée à diverses hauteurs par des lignes telles que *xx*, *x'x'*, etc., le nombre des plis que ces lignes rencontrent indique le nombre des couches de fil qui sont enroulées sur la canette à cette hauteur.

Voici maintenant les divers engrenages par lesquels on arrive à ce résultat :

L'axe H des poulies I, I' porte à son autre extrémité un pignon H' de 24 dents (fig. 1), qui engrène avec une roue de renvoi *s'*, attachée à un axe *s* fixé au bâti : celle-ci engrène à son tour avec la grande roue R' (fig. 1 et 2), montée sur l'axe R de l'excentrique *r*; la roue R' a 184 dents : sur le même axe R se trouve un pignon d'angle *r'*, de 45 dents (fig. 1 et 2), qui donne le mouvement à l'axe T au moyen du second pignon d'angle *t'*, qui n'a que 30 dents : enfin l'axe T, maintenu par les collets t, t (fig. 1) porte à son extrémité supérieure une vis-sans-fin T', qui fait mouvoir la roue dentée z' montée sur l'axe Z des excentriques z, z.

La roue z' ayant 72 dents, on voit que le pignon d'angle t' doit faire 72 tours pour que les excentriques z accomplissent un tour entier; et, comme le nombre des dents de t' est de 30, tandis que celui de r est de 45, on voit que le pignon d'angle r', ainsi que la roue R' et les excentriques r, doivent accomplir 48 révolutions pour que la canette s'achève ou pour que l'excentrique z fasse sa révolution entière.

La grande roue R aant 184 dents, tandis que le pignon H' seulement 24, il est évident que, pour chaque tour de la roue R, le pignon H' fait 7 tours $\frac{2}{3}$, et qu'il fait par conséquent 368 tours pendant que la roue R et les excentriques r en font 48. Le nombre des dents de la roue de renvoi s' n'a aucune influence sur ces résultats.

Ainsi, pour faire une canette, il faut que la poulie-fixe exécute 368 révolutions.

Le diamètre du tambour est de 145 millimètres, tandis que celui de la molette est de 26^{mm},6; un tour du tambour donne donc à la broche de la canette un nombre de tours exprimé par $\frac{1450}{266} = 5,451$; d'où il résulte enfin, que la canette se couvre d'un nombre de tours de fil exprimé par $368 \times 5,45 = 2006$, qui se trouve réparti en couches plus ou moins épaisses sur les différentes sections de la canette, comme l'indique la figure 5.

On conçoit combien il serait facile, en conservant les principes de cette machine, d'en modifier indéfiniment les effets. Il suffirait, par exemple, de changer les rapports des diamètres du tambour et des molettes des broches pour changer le nombre des tours du fil, et par conséquent la longueur totale du fil qui couvre la canette; ainsi, le rapport des diamètres du tambour h et des molettes g ne devrait pas sans doute être le même dans les machines destinées au lin et à la laine. Il suffirait pareillement de changer les rapports du grand et du petit rayon de l'excentrique r pour changer l'amplitude des oscillations de la tringle directrice P, et pour concentrer les couches du fil dans une plus petite longueur ou pour les dilater dans une longueur plus grande. Il suffirait aussi de changer les rapports des bras des balanciers, ou la différence entre le plus grand et le plus petit rayon de l'excentrique z, pour obtenir un autre mode de distribution du fil sur la canette. Enfin, il suffirait de changer le pignon H', en déplaçant convenablement l'axe de la roue de renvoi s', pour obtenir aussi des effets différens; et de tous les moyens, c'est celui que l'on emploie de préférence, parce qu'il n'exige que le déplacement d'une seule pièce. C'est dans ce but que le support de l'axe s de la roue de renvoi s', porte une rainure circulaire dont le centre se trouve sur l'axe R de la grande roue R' et des excentriques r; l'axe s se déplace dans cette rainure où il est fixé par des écrous. Lorsqu'on veut employer un pignon H' très petit, on relève l'axe s : lorsqu'au

5..

contraire on veut employer un pignon H′ un peu plus grand, on l'abaisse, et, dans ces diverses positions, la roue de renvoi s' engrène également bien et avec la grande roue R′ et avec le pignon H′ que l'on a dû choisir.

Chaque machine est ainsi pourvue d'un certain nombre de pignons de rechange, appropriés aux divers résultats que l'on veut obtenir.

LÉGENDE DES PLANCHES 11 ET 12.

A, B, C; A, B, C : les deux côtés du bâti en fonte.

b, traverse d'assemblage à la partie inférieure et postérieure du bâti, pour en réunir les deux côtés.

D, madrier en bois, qui réunit les sommets des deux côtés du bâti et qui sert en même temps à supporter les 48 broches sur lesquelles on met les bobines qui doivent donner le fil aux canettes.

d, fig. 1 : boulon qui fixe les extrémités du madrier D contre les côtés du bâti.

D′, fig. 3 : bobines disposées sur leurs broches.

d′, fig. 3 : broches sur lesquelles on met les bobines.

E, fig. 3 : madrier qui réunit la partie antérieure des deux côtés du bâti, et qui sert en même temps à supporter les 48 broches sur lesquelles on met les canettes qui reçoivent le fil des bobines.

e, fig. 1 : boulon qui fixe les extrémités du madrier E contre les côtés du bâti.

e′, fig. 2 et 4 : crapaudines fixées sur le madrier E pour retenir l'extrémité inférieure des broches des canettes.

F, madrier qui réunit la partie antérieure des deux côtés du bâti, et qui sert en même temps à supporter les 48 collets *f′* dans lesquels sont maintenues les broches des canettes.

f, fig. 2 : boulon qui fixe les extrémités du madrier F contre les côtés du bâti.

f′ fig. 2 et 4 : collets à coulisses, fixés chacun par une vis sur le madrier F.

G, fig. 1 et 3 : broches des canettes ; elles reposent, par leur partie inférieure et arrondie, dans les crapaudines *e′*, et elles sont maintenues vers le haut dans les collets *f′*; la portion de broches qui passe dans les collets porte une gorge qui s'engage directement dans le collet et qui empêche ainsi que la fourche ne puisse être soulevée pendant le mouvement.

g, molettes en bois, au moyen des

quelles les broches G reçoivent leur mouvement de rotation.

g', canette en bois sur laquelle s'envide le fil.

H, fig. 2 et 3 : Axe de fer qui porte en même temps les poulies I et I', le tambour *h*, et le petit pignon H'.

h, tambour qui donne le mouvement aux 48 cordelettes *h'* qui aboutissent aux poulies *g*.

H', fig. 1 : pignon monté à l'extrémité de l'axe H.

h', fig. 2 : quarante-huit cordelettes croisées passant en même temps sur le tambour *h* et sur chacune des molettes *g*.

I, I' : poulie-fixe et poulie-folle; elles sont montées sur l'axe H.

L, fourchette qui dirige la courroie et qui la fait passer de la poulie-fixe à la poulie-folle ou *vice versâ*.

l, axe de la fourchette L.

L', pièce boulonnée au bâti et servant à porter l'axe *l* autour duquel tourne la fourchette.

M, tringle de fer servant à diriger le fil, à partir des bobines D; elle est supportée sur les deux côtés du bâti par les pièces *m*, *m*; cette tringle peut couler dans ses supports, entre deux goupilles d'arrêt (fig. 3), et c'est en la poussant d'un côté ou de l'autre que l'ouvrier fait l'embrayage ou le débrayage.

mm : pièces boulonnées au bâti et servant à supporter la tringle M.

N, N, fig. 1 et 3 : deux rouleaux en bois servant à guider et à retenir le fil, à partir de la tringle M.

n, *n*, fig. 2 : pièces boulonnées au bâti et servant à supporter les deux rouleaux N, N.

o, fig. 2 et 3 : axes mobiles autour desquels les deux balanciers qui portent la tringle directrice P accomplissent leurs oscillations; sur ces axes sont ajustés des galets qui reposent sur les excentriques *r*, et qui s'y trouvent maintenus par leur forme.

P, fig. 2 et 3 : tringle directrice qui oscille de haut en bas et de bas en haut pour présenter à chaque section de la canette la quantité de fil qu'elle doit recevoir.

p, les bras antérieurs des deux balanciers qui portent la tringle directrice P.

q, les bras postérieurs des mêmes balanciers.

Q, fig. 2 et 3, axes ou tourillons fixés à l'extrémité de chacun des bras *q*, et guidés dans une coulisse du bâti de telle sorte qu'ils ne puissent éprouver qu'un mouvement vertical; ces axes portent à leur extrémité intérieure un petit galet à gorge au moyen duquel ils reçoivent l'action des excentriques *z*; ces galets empêchent en même temps les déviations latérales que pourraient éprouver les balanciers.

R, axe en fer allant d'un côté à l'autre du bâti; il porte en même temps les deux excentriques *r*, la grande roue dentée R', et le pignon d'angle *r'*.

r, deux excentriques fixés vers les deux bouts de l'axe R et tournant avec cet axe; chacun d'eux agit sur le galet de l'axe *o* de l'un des balanciers qui portent la règle directrice P.

R, grande roue dentée montée sur l'arbre R ; elle lui donne le mouvement qu'elle reçoit de la roue *s'*.

r', pignon d'angle monté sur l'arbre R et recevant son mouvement pour le communiquer au second pignon d'angle *t'*.

s, axe de la roue de renvoi *s'* : il est fixé sur le bâti, mais il peut se mouvoir dans une rainure dont le centre est sur l'axe R, afin que la roue *s'* vienne toujours engrener exactement avec la roue R' et le pignon H', lorsqu'on prend un pignon H' plus grand ou plus petit suivant les effets que l'on veut obtenir.

s', roue dentée mobile sur l'axe *s*; elle est commandée par H', et commande R'.

T, fig. 1 : axe de fer situé obliquement, et soutenu par les collets *t*, *t*; il porte le pignon d'angle *t'* et la vis sans fin T'.

t, *t* : supports de l'axe T.

T', vis sans fin à l'extrémité de l'axe T.

t', pignon d'angle monté sur l'axe T, et commandé par le premier pignon d'angle *r'*.

Z, axe de fer allant d'un côté à l'autre du bâti; il porte les deux excentriques *z* et la roue dentée *z'*.

z, excentriques montés sur l'axe Z, près de ses extrémités : chacun d'eux agit sur l'un des galets mobiles sur les axes tourillons Q fixés aux extrémités des balanciers.

z', roue dentée montée sur l'axe Z et menée par la vis sans fin T'.

MACHINE A VAPEUR,

A HAUTE PRESSION,

ET A DÉTENTE VARIABLE,

DE M. SAULNIER.

En 1834 M. Saulnier aîné présenta, à l'exposition des produits de l'industrie, une machine à vapeur à haute pression et à détente variable qui attira l'attention particulière du Jury central. Depuis cette époque M. Saulnier a exécuté un très grand nombre de ces machines, les unes de trois ou quatre chevaux seulement, les autres de 20 à 30 chevaux, et quelques-unes même de 50 chevaux. L'industrie semble accorder à ce système une préférence plus ou moins marquée; on lui reconnaît dans la pratique quelques avantages qui tiennent sans doute à la disposition simple et solide du mécanisme, à la régularité de la marche et peut-être aussi à l'économie du combustible. Ces divers motifs nous ont déterminés à en donner une description détaillée; nous avons choisi pour cela la machine de 16 chevaux, qui est la plus répandue et celle qui convient au plus grand nombre d'établissements. M. Saulnier a bien voulu nous en communiquer des dessins parfaitement complets, desquels nous avons tiré tout ce qui nous a paru convenir à notre mode de publication. Cette description est divisée de la manière suivante :

§ 1. *Dispositions générales.*

Sur un massif de maçonnerie solide, offrant à sa surface de petits sillons ou enfoncemens bien distribués et dans son épaisseur des conduits ou carneaux convenablement disposés pour le service des clavettes, on établit avec soin la grande plaque de fondation A, dont la forme est représentée dans les figures 2, 3 et 4, planche 13.

La figure 2 est un plan ou une vue en-dessus de cette plaque, qui est coulée en fonte, d'une seule pièce;

La figure 3 en est une élévation antérieure ;

La figure 4 une élévation latérale, du côté de la pompe alimentaire.

On distingue surtout dans ces dernières figures les quatre nervures inférieures a, qui sont reçues dans les sillons correspondants du massif de maçonnerie, et par lesquelles la plaque de fondation se trouve en quelque sorte incrustée dans ce massif.

Dans la figure 2 on voit aux quatre coins les quatre grandes ouvertures carrées a'' destinées à recevoir les bases des colonnes; sur les deux traverses a' du milieu, les quatres trous b' au moyen desquels se fixe la chaise, fig. 5, qui porte le cylindre, comme nous le verrons plus loin; sur les mêmes traverses, les deux paliers c', qui reçoivent l'arbre principal C', fig. 6, qui est l'arbre de l'excentrique; enfin sur la traverse antérieure, le palier c, qui reçoit l'un des bouts de l'arbre C du volant, disposé avec exactitude sur le prolongement de l'arbre C', fig. 6; enfin l'on doit remarquer encore, à l'un des coins de la plaque de fondation, une petite saillie circulaire, sur laquelle s'adapte la pompe alimentaire.

Quand la plaque de fondation est ajustée sur le massif de maçonnerie, on dispose les quatre grandes colonnes A', figure 1 et 2, planche 14; l'une de ces colonnes est représentée dans les figures 7, 8 et 9, planche 13.

La figure 7 est une coupe du fût de la colonne A'.

La figure 8 une coupe de sa base A''.

La figure 9 une projection horizontale de l'ensemble.

Enfin sur les sommets des quatre colonnes reposent les deux pièces importantes E, qui servent de guides, fig. 1 et 2, planche 14, elles s'y trouvent établies au moyen d'embases de dimensions convenables, dont on peut apprécier la forme en jetant les yeux sur la figure 1, planche 13, et sur la figure 2, planche 14.

Alors quatre grands boulons de fer, fig. 13, pl. 13, qui traversent en même temps toute la hauteur des colonnes et toute l'épaisseur du massif de maçonnerie, servent à lier d'une manière invariable ce massif lui-même, la plaque de fondation, les bases et les fûts des colonnes, et les deux guides qui reposent sur leurs sommets. Pour cela, ces boulons s'engagent à leur extrémité inférieure dans une plaque de fonte épaisse au-dessous de laquelle le boulon est percé pour recevoir une forte clavette de fer; ainsi la plaque de fonte et la clavette forment en quelque sorte la tête du boulon; au contraire, à leur extrémité supérieure les boulons sont filetés pour recevoir un écrou e, fig. 1, planche 13, qui s'appuie sur l'embase correspondante des guides E, et au moyen duquel le boulon reçoit une tension convenable en s'appuyant contre la clavette de son autre extrémité, pour donner à l'ensemble une grande fixité.

Outre ce moyen de liaisons des colonnes, il est encore nécessaire d'y adapter des entretoises pour les mieux consolider et pour maintenir plus étroitement les deux guides entre eux. Les entretoises sont au nombre de trois : l'une *e'* au sommet des guides, fig. 1, pl. 13, et fig. 2, planche 14; une autre *e''*, fig. 1, pl. 13, et enfin une troisième E', fig. 1, pl. 13, et fig. 2, pl. 14, qui a une forme particulière, parce qu'elle est destinée à porter en même temps le système du modérateur, comme nous le verrons plus loin.

Pour montrer comment se complète l'établissement et la consolidation de la machine, nous avons encore à indiquer comment on réunit à la plaque de fondation l'arbre moteur C', fig. 6, et la chaise B, fig. 5, qui porte le cylindre à vapeur dans lequel se meut le piston.

L'arbre moteur C', ou arbre de l'excentrique, se pose sur ses deux paliers *c'*, dans des coussinets de bronze dur; il est recouvert par des coussinets pareils, et chacune de ces paires de coussinets est maintenue par le chapeau en fonte de chaque palier; ces chapeaux sont eux-mêmes fixés, ou plutôt pressés, par deux boulons de fer dont les têtes s'appuient au-dessous de la plaque de fondation, et dont les extrémités supérieures reçoivent un écrou et une rondelle de fer interposée entre l'écrou et la portion plane du chapeau qui reçoit la pression. L'arbre du volant C, fig. 1 et 6, pl. 13, se pose pareillement sur son palier *c*, fig. 1, 2 et 3, où il se trouve aussi embrassé par deux coussinets de bronze dur, qui sont maintenus par le chapeau de fonte du palier; mais comme cet arbre reçoit directement les secousses qui résultent soit des chocs, soit des variations de vitesse du volant, il est essentiel de le maintenir plus fortement et de le lier en quelque sorte d'une manière plus intime au massif de maçonnerie. Pour cela, les boulons qui retiennent le chapeau ne s'appuient pas simplement par des têtes au-dessous de la plaque de fondation, comme les précédens; ils sont beaucoup plus longs, et leur extrémité inférieure arrive dans des carneaux ménagés à cet effet dans la maçonnerie; là, comme les boulons des grandes colonnes, ils traversent une plaque de fonte épaisse, et reçoivent une clavette de fer, par laquelle ils appuient contre ces plaques, tandis qu'à leur extrémité supérieure, ils sont filetés pour recevoir deux écrous, l'un en forme de disque qui se perd dans une cavité ménagée à cet effet, dans le palier; l'autre, hexagone comme à l'ordinaire, qui presse sur le chapeau. C'est le premier de ces écrous qui fixe la plaque de fondation sur le massif, tandis que le second sert seulement à presser le chapeau sur son palier. Ces boulons se voient en *c''*, fig. 1, planche 14. La chaise B qui porte le cylindre est représentée en plan dans la fig. 5, planche 13; elle se montre en élévation dans les fig. 1 et 2, planche 14, et en coupe dans la fig. 1 planche 16; ce qui permet de bien apprécier sa forme, dont il importe d'avoir une idée exacte.

Dans la fig. 5, on voit qu'elle porte à ses quatre coins un trou carré *b* qui doit correspondre à l'un des quatre trous *b'* de la plaque de fondation, fig. 2, planche 13; c'est par là qu'elle est fixée à cette plaque, au moyen de quatre boulons analogues à ceux qui maintiennent les quatre colonnes; on voit deux de ces boulons en b'', fig. 1 et 2, planche 14.

Dans la même figure on voit que la partie supérieure de cette chaise B est percée de deux ouvertures rondes destinées à recevoir les colonnes de distribution qui se montrent de face dans la fig. 2, planche 14; et qu'en même temps elle est munie d'une saillie annulaire sur laquelle vient s'adapter à boulons et écrous, fig. 1, planche 14, l'embase qui termine le cylindre à sa partie inférieure, fig. 1, planche 16. Cette saillie annulaire est exactement plane, si ce n'est à sa circonférence intérieure où elle forme un petit rebord, ou bourrelet, sur lequel tombe une rainure correspondante; c'est à peu près un assemblage à drageoire, en sorte que le cylindre une fois boulonné sur sa chaise, la fermeture est très hermétique, et c'est réellement la partie supérieure de la chaise qui en forme le fond; il y a un trou i'', fig. 5, pl. 13, auquel on adapte un tuyau et un robinet i', fig. 1, pl. 14, pour évacuer l'eau qui se condense pendant la mise en train.

Les figures 1 et 2, planche 14, et la fig. 1, planche 16, font voir la hauteur de la chaise, ses quatre faces verticales évidées en arceaux et les deux fortes embases par lesquelles elle s'applique sur la plaque de fondation. Cette pièce doit avoir une grande solidité, car, soit que le piston monte, soit qu'il descende, l'effort qu'il exerce à l'extrémité de sa tige réagit au moyen de la vapeur, pour transmettre à la chaise un effort égal, qui pendant la montée s'ajoute au propre poids du cylindre pour presser sur la chaise, et qui s'en retranche pendant la descente, exerçant une action qui tend à la soulever et à l'arracher de ses supports.

Ce que nous venons de dire est sans doute suffisant pour donner une idée de la disposition des principales pièces fixes qui concourent à donner à la machine une stabilité convenable, et qui deviennent à leur tour les points d'appui ou les points d'attache qui doivent servir ensuite à transmettre ou à distribuer le mouvement.

Maintenant, pour simplifier les développements que nous avons à donner sur le jeu de la machine, nous allons supposer pour un instant que la vapeur agisse d'une manière quelconque sur le piston pour lui imprimer son mouvement de va-et-vient, et nous essaierons d'analyser toutes les transmissions de mouvement; ensuite nous reviendrons sur la distribution de la vapeur, sur le régulateur, sur l'alimentation et sur les autres détails relatifs soit à la construction, soit à l'économie de la machine.

§ 2. *Transmission du mouvement.*

Cylindre. Le cylindre F bien alésé a une hauteur de $1^m,287$ et un diamètre intérieur de 0,364, ainsi sa capacité intérieure est de 134 litres; il est comme à l'ordinaire fermé par un couvercle ou chapeau de fonte F' vu en coupe dans la figure 1, pl. 16, et fixé à la partie supérieure du cylindre au moyen de huit boulons, fig. 1, pl. 13; ce chapeau porte une douille centrale *f* servant à la boîte à étoupes par laquelle passe la tige du piston ; les étoupes sont au fond de cette douille et elles y sont pressées, au point convenable, par un presse-étoupes f' en fonte dont l'extrémité inférieure forme en quelque sorte un piston annulaire dans la douille du chapeau et autour de la tige du piston. Sa partie supérieure est creusée en entonnoir pour recevoir l'huile destinée à graisser la tige et par conséquent les étoupes ; deux boulons de fer à œillet f'', fixés à leur partie inférieure à de petites tiges d'acier plantées à vis dans l'épaisseur de la douille f, servent à guider le presse-étoupes et à le mettre au point ; car il suffit de tourner les écrous de ces deux boulons pour augmenter la pression que le presse-étoupes exerce sur les étoupes qui enveloppent la tige du piston.

Enfin, sur le chapeau F' se visse le petit robinet graisseur I qui se voit dans la figure 1, pl. 13, et dans la figure 1, pl. 14. Ce robinet est de bronze ; il est à capsule, c'est-à-dire que le boisseau ou la clé n'est pas percé de part en part ; on le tourne au moyen de la poignée de fer i, fig. 1, pl. 13, pour que sa capsule verse dans le cylindre l'huile dont elle est remplie.

Piston. Le piston est représenté dans les figures 1, 32, 33 et 34, pl. 16.

La tige G du piston, parfaitement cylindrique, est d'acier fondu ; elle a 45 millimètres de diamètre ; à sa partie supérieure elle reçoit la chape G', qui est percée d'un trou dans lequel passe le boulon qui l'unit au fléau K, fig. 2, pl. 14.

La tige G et sa chape G' se réunissent au moyen d'une clavette d'acier qui presse en-dessus et en-dessous deux clavettes pareillement d'acier, ayant à l'extérieur et aux deux bouts des mentonnets saillans qui embrassent l'épaisseur de la chape ; la clavette supérieure force l'extrémité de la tige G à buter contre le fond de la douille de la chape G'.

Le piston lui-même, figures 32 et 33, pl. 16, est tout-à-fait métallique, sans aucune garniture de filasse ; il se compose de deux pièces fixes et de diverses pièces mobiles.

Les pièces fixes sont le *corps du piston* et le *plateau ;* les pièces mobiles sont les ressorts, les coins et les segmens.

Le corps du piston H se voit en coupe dans la figure 32, en élévation dans la figure 33, et en plan dans la figure 34 ; c'est une masse compacte de fonte, percée en son centre d'une ouverture conique, dans laquelle vient se loger exactement la partie inférieure et élargie de la tige du piston, comme on le voit figures 32 et 33 ; mais dans cette masse d'une seule pièce on doit distinguer par la pensée trois portions distinctes, savoir : la portion inférieure h, qui est un disque parfaitement rond, ayant à très peu près le diamètre du cylindre, son épaisseur n'est guère que le huitième de l'épaisseur totale du piston ; la partie moyenne h', pareillement ronde, dont le diamètre est à peu près les deux tiers du diamètre du cylindre, et dont l'épaisseur est les trois quarts de l'épaisseur totale du piston ; enfin, la partie supérieure h'', ronde encore comme les précédentes, mais d'un plus petit diamètre, ayant à peu près la même épaisseur que la partie inférieure h.

Le plateau H′ du piston (qui se trouve un peu soulevé dans la fig. 33), est un simple disque de fonte ayant aussi le même diamètre que le cylindre à vapeur, et une épaisseur égale à celle de la partie h''; il est évidé à son centre, de manière à venir s'adapter très exactement autour de cette partie supérieure du corps du piston, alors sa face inférieure repose sur la partie moyenne h', et elle s'y fixe solidement par cinq fortes vis à tête fraisée.

Quant à l'arrangement des pièces mobiles il est très important, et voici en quoi il consiste : sur la partie moyenne du corps du piston h' se trouvent au-dessus l'une de l'autre deux rangées de chacune cinq trous espacés d'un cinquième de circonférence; mais les trous de la rangée inférieure correspondent au milieu de l'intervalle qui sépare ceux de la rangée supérieure. Nous ne considérons d'abord que ces derniers : dans chaque trou se visse une goupille en acier j, autour de laquelle s'adapte un ressort à boudin d'acier trempé au point qui donne la meilleure élasticité; l'autre bout de la goupille s'engage dans un coin de fonte J′, en sorte qu'en poussant ce coin contre le corps du piston, l'on comprime le ressort, et réciproquement quand le ressort est comprimé, il tend sans cesse à repousser le coin au dehors. Il y a de plus cinq segments J, taillés, comme on le voit fig. 34, dans les deux segments détachés, et qui, étant rapprochés l'un de l'autre, forment une circonférence qui est presque exactement égale à celle du cylindre à vapeur; trois de ces segments sont en place dans le plan de la figure 34, qui représente un piston dont on a ôté le plateau afin de faire voir la position des goupilles avec leurs ressorts, ainsi que la position des coins J′ et des segments J. Ces coins et ces segments sont bien dressés sur leurs faces supérieures et inférieures, et ils ont une épaisseur qui est précisément la moitié de la hauteur de la partie moyenne h' du corps du piston. Ce que nous venons de dire de la rangée des cinq trous supérieurs, s'applique exactement aux cinq trous de la rangée inférieure, dans lesquels on met aussi cinq goupilles avec leurs ressorts, et autant de coins et de segments, de telle sorte que les joints de ceux-ci se croisent avec les joints des segments inférieurs; il arrive ainsi que l'intervalle compris au pourtour du piston, entre le corps du piston et son plateau, se trouve exactement rempli par des pièces mobiles, et douées d'élasticité, tout en étant complétement solides et métalliques.

On comprend maintenant que toutes ces pièces, lorsqu'elles sont ajustées avec un soin convenable, composent un système capable de remplir les conditions suivantes :

1°. De présenter une fermeture bien hermétique dans le cylindre à vapeur, entre l'espace qui se trouve au-dessus du piston et l'espace qui se trouve au-dessous;

2°. De n'exercer pendant le mouvement qu'un frottement assez doux contre les parois du cylindre, lorsque la fonte des segments a été bien choisie et la rigidité des ressorts assez bien calculée;

3°. De se prêter aisément à ces petites inégalités de diamètre qui peuvent se présenter dans la hauteur du cylindre, soit que ces inégalités proviennent de l'imperfection du travail, soit qu'elles proviennent de l'usure irrégulière que les parois du cylindre éprouvent à la longue ;

4°. De n'être point influencé d'une manière nuisible par l'effet des changements de température.

Nous pouvons donc admettre que le piston joue librement dans le corps du cylindre, et qu'il transmet bien à l'extrémité de la chape G' de sa tige toute la force vive qu'il reçoit de la pression de la vapeur, soit quand il monte, soit quand il descend.

Cela posé, nous avons à examiner par quelle série d'ajustements mécaniques cette force se transmet avec une régularité parfaite depuis la chape G' jusqu'à l'arbre C du volant. Cette transmission s'accomplit au moyen du fléau et des deux bielles dont nous allons donner la description.

Fléau. La chape G' qui termine la tige du piston se fixe par un boulon d'acier, au milieu du fléau de fer K, fig. 2, pl. 14, pour lui communiquer son mouvement de va-et-vient. Mais pour que la tige du piston ne puisse ni vibrer, ni dévier de la verticale, il importe que le fléau soit sans cesse guidé dans sa course, et qu'il soit en même temps assez fort pour transmettre le mouvement qu'il reçoit. C'est pour cela que le fléau est de fer et qu'il a la forme qui est représentée en élévation dans la figure 2, et en plan dans la figure 3, planche 14; on voit d'abord à ses extrémités un pas de vis destiné à recevoir un écrou, puis une première partie cylindrique sur laquelle se monte un galet de fonte, vu en plan en K', figure 1; cette partie est séparée par une embase faisant corps avec le fléau, d'une seconde partie cylindrique d'un diamètre plus considérable destinée à recevoir les bielles. Quand les deux galets sont montés aux extrémités du fléau, ils tombent exactement dans les ouvertures des guides E, fig. 1; du milieu d'une ouverture au milieu de l'autre, la distance est de 1^{m}, 710; les bords de ces ouvertures, ou plutôt leurs coulisses, sont revêtues de tringles en bois de cormier, qui s'y trouvent fixées par des vis à bois et sur lesquelles frottent les galets; les épaisseurs de ces tringles se voient dans la figure 1, planche 14.

L'une des deux bielles qui prennent le mouvement sur le fléau, est représentée de face et de profil dans la fig. 1, pl. 15. On voit que cette bielle L est terminée en fourchette à ses deux extrémités : la fourchette supérieure qui s'adapte à la partie cylindrique *l* du fléau reçoit deux coussinets de bronze dur, embrassant exactement cette partie, et se trouvant arrêtés dans leur position au moyen d'une clavette d'acier *l'*, qui s'appuie en haut sur une contre-clavette à mentonnet, et en bas sur une plaque de fer posée sur la face du coussinet supérieur dont elle a la forme.

L'extrémité inférieure de cette même bielle s'adapte de la même manière au bouton qui conduit la manivelle D de l'arbre principal, figure 6, planche 13. On comprend toutefois que la longueur de la bielle doit être telle que la distance des centres des deux coussinets supérieurs et des deux coussinets inférieurs soit très exactement égale à la distance qui se trouve entre l'axe du fléau K et l'axe du bouton d, lorsque le piston est, par exemple, au-dessus de sa course, et le bouton d au sommet de la circonférence qu'il décrit, condition qu'il est, au reste, très facile de remplir.

L'autre bielle, toute pareille à la précédente, et montée de la même manière à l'autre extrémité du fléau, vient s'adapter par sa partie inférieure au bouton d, fig. 6, pl. 13, qui réunit les deux manivelles D' et D''. Mais cet ajustement exige des soins particuliers : d'abord il est nécessaire que les manivelles D' et D'' soient parfaitement parallèles et de mêmes dimensions, afin qu'elles décrivent des cercles égaux et qu'elles s'accompagnent avec précision dans tous les points de leur course circulaire ; ensuite il faut que l'arbre du volant soit le prolongement exact de l'arbre de l'excentrique, et que la manivelle D'', accouplée par le bouton d à la manivelle D', soit aussi parallèle à cette dernière et décrive un cercle égal. Cependant, comme il est à peu près impossible que ces conditions soient mathématiquement remplies, M. Saulnier a remédié d'avance aux petites imperfections que cet ajustement pourrait présenter. Pour cela, le bouton d a la forme qui est représentée dans la figure 5, pl. 15 ; sa tête sphérique s'engage dans le coussinet creusé sphériquement, qui est représenté à part dans la figure 4, planche 15 ; ce coussinet d' est retenu par deux vis de pression dans l'œil carré de la manivelle D'', vue à part, fig. 3, planche 15 ; et l'ajustement est tel que le coussinet puisse exécuter dans l'œil qui le reçoit deux petits mouvements de glissement, l'un par lequel il s'approche ou s'éloigne un peu du centre de rotation, de manière à changer un peu la vraie longueur de la manivelle, l'autre par lequel il cède un peu dans le sens parallèle à l'arbre de rotation. Alors, si les deux arbres de l'excentrique et du volant ne sont pas parfaitement centrés ou parfaitement en ligne droite, il n'en résulte aucun inconvénient tant que l'excentricité ou la conicité ne dépasse pas les limites du glissement que peut éprouver le coussinet d'.

§ 3. *Alimentation de la chaudière.*

Pompe alimentaire. La pompe alimentaire est vue dans son ensemble sur les figures 1 et 2, planche 14, et elle est représentée dans ses détails par les figures 8, 9, 10, 11 et 12, planche 15. Cette pompe se compose de deux parties distinctes : le *corps de pompe* proprement dit et le *corps des soupapes.* Le corps de pompe M est représenté en coupe dans la figure 8 et en plan dans la figure 9 ; il est en fonte ; par une sorte de bride qu'il porte à son extrémité inférieure, il se fixe au moyen de quatre vis sur la saillie qui lui est réservée près de l'un des angles de la plaque de fondation. Vers sa partie supérieure il est retréci en dedans, comme on le voit, fig. 8, et sur la partie correspondante à ce retrécissement, il porte une large bride destinée à recevoir les deux boulons m' du presse-étoupes M' ; l'un de ces boulons est représenté dans la figure 12 : c'est celui qui reçoit l'extrémité du levier de pression n', fig. 1, planche 14. Le presse-étoupes M' est de fonte, comme le corps de pompe lui-même, et l'on voit sur la figure 8, comment il s'adapte au-dessus du corps de pompe, et comment il est pressé par les écrous des boulons m', pour forcer les étoupes d'embrasser très étroitement le corps du piston m'', qui est simplement un cylindre de cuivre, réuni à charnière à la grande tige M'', fig. 1 et 2, planche 14.

Le corps de pompe M porte latéralement un conduit et une bride m, au moyen de laquelle il est adapté au corps des soupapes N, fig. 8 et 9, pl. 15.

Le corps des soupapes N est de cuivre, sa bride latérale n se réunit avec des vis, à la bride m du corps de pompe ; il porte deux tuyaux, deux soupapes et deux robinets ; le tuyau inférieur O est celui d'aspiration, il communique au réservoir où se puise l'eau nécessaire à l'alimentation ; le tuyau supérieur O' est celui de refoulement, il communique avec la chaudière ; le robinet inférieur o, qui est représenté à part dans la figure 10, sert à régler la quantité d'eau qui doit être aspirée ; le robinet supérieur o' sert à supprimer au besoin toute communication avec la chaudière ; enfin, la soupape inférieure o'', qui est au-dessous du conduit latéral par lequel le corps de pompe communique au corps des soupapes, est la soupape d'aspiration ; tandis que la soupape supérieure o''', qui est un peu plus large, est la soupape de refoulement ; ces deux soupapes sont pareilles : l'une d'elles est représentée à part dans la figure 11, pl. 15.

Ce simple énoncé suffit pour faire comprendre le jeu de la pompe : on voit en effet, que quand le piston s'élève il tend à faire le vide au-dessous de lui ; alors la pression de la vapeur de la chaudière s'exerçant sur la soupape supérieure o''', maintient cette soupape fermée, tandis que la soupape inférieure o'' est soulevée par la pression de bas en haut de l'eau qui est au-dessous d'elle, et l'eau afflue pour remplir le corps de pompe. Au contraire, quand le piston redescend, il presse l'eau qui est au-dessous de lui dans le corps de pompe ; cette pression ferme la soupape inférieure et devient presque aussitôt assez grande pour soulever la soupape supérieure et pour ouvrir ainsi un passage par lequel l'eau du corps de pompe est lancée dans le tuyau de refoulement pour arriver jusqu'à la chaudière.

Comme il est très essentiel de pouvoir vérifier à chaque instant si le jeu des soupapes s'accomplit avec facilité, on a ménagé au-dessus du corps des soupapes, une pièce mobile ou une espèce de chapeau N', fig. 8, qui est simplement posé et qui est maintenu par un poids convenable (*), adapté à l'extrémité du levier n'. Il est évident que si le jeu des soupapes est libre, il suffira de fermer le robinet o', pour voir le chapeau se soulever et l'eau jaillir tout autour de sa surface lorsque le piston descend. L'ouverture du chapeau sert d'ailleurs de regard pour les soupapes.

(*) Dans les machines plus récentes, le levier et son contre-poids sont remplacés par un ressort à boudin contenu dans une cage placée au-dessus du chapeau ; la tension se règle par une vis agissant sur la partie supérieure du ressort à boudin.

Comme l'eau aspirée laisse dégager de l'air en plus ou moins grande quantité, l'on comprend que l'alimentation se ferait mal ou même ne se ferait pas du tout, si cet air restait accumulé à la partie supérieure du corps de pompe, parce qu'en se comprimant à mesure que le piston descend et en se dilatant à mesure qu'il s'élève, il empêcherait à la fois le refoulement et l'aspiration; c'est pourquoi l'on perce le corps de pompe à son extrémité supérieure, immédiatement au-dessous des étoupes, et l'on adapte à cette ouverture un robinet que l'on ouvre de temps à autre pour donner issue à l'air; ce robinet s'appelle *purgeur*. Si le niveau de l'eau dans le réservoir d'alimentation ne se trouve pas notablement plus haut que la soupape inférieure o'', il est évident qu'il ne faut ouvrir ce robinet que pendant la descente du piston, car sans cela l'air entrerait par le robinet pour remplir le corps de pompe et empêcher l'aspiration.

Il nous reste à indiquer maintenant comment la pompe alimentaire est mise en jeu.

La tige M″ est articulée d'une part au piston m'' lui-même, et d'une autre part au levier P, fig. 1 et 2, planche 14. Ce levier a son point d'appui en p' sur une pièce P′, fig. 1, planche 13, et fig. 2, planche 14, qui est elle-même fixée au sommet de l'une des grandes colonnes, et porte un tourillon autour duquel tourne le levier P; à son autre extrémité, il est guidé par une sorte de coulisse p'', adaptée à la pièce P″, qui repose elle-même sur la colonne correspondante, fig. 1, planche 13, et fig. 2, planche 14. Au milieu de sa longueur, ce même levier est articulé à une bielle p, fig. 1 et 2, planche 14, qui est la bielle motrice imprimant le mouvement au levier P et par conséquent à la pompe alimentaire. Pour bien comprendre le jeu de cette bielle, il est nécessaire de se reporter à la figure 6, planche 13; aux figures 1 et 2, planche 14, et aux figures 2 et 6, planche 15.

La figure 6, planche 13, fait voir l'excentrique de fonte Q, qui se trouve monté sur l'axe du volant; ce même excentrique est représenté à part sur la figure 6, planche 15.

La figure 2, planche 15, fait voir la bielle de face et de profil; elle est de fonte, et à sa partie inférieure elle se compose de deux demi-cercles pareillement de fonte q et q', qui se réunissent par deux boulons et qui sont disposés pour embrasser l'excentrique Q.

Pour chaque révolution du volant, c'est-à-dire pour chaque coup double du piston à vapeur, il y a une révolution de l'excentrique et par conséquent un coup double de la pompe alimentaire, c'est-à-dire une aspiration et un refoulement. En effet, quand l'excentrique est en haut, comme on le voit fig. 6, planche 15, le piston de la pompe alimentaire est au-dessus de sa course; à mesure que l'excentrique tourne il abaisse la bielle p, et par conséquent le balancier P et le piston m''; lorsque l'excentrique est tout-à-fait en bas, dans une position inverse de celle de la figure 6, le balancier et le piston sont au bas de leur course, et ils vont remonter graduellement pendant l'autre demi-révolution de l'excentrique.

C'est ainsi que l'arbre moteur du volant donne lui-même une alimentation régulière et constante, lorsque les soupapes de la pompe alimentaire sont en bon état, et le robinet *o* d'alimentation au degré d'ouverture qui convient; mais l'on conçoit que cette ouverture doit changer un peu avec la vitesse de la machine, et qu'elle doit surtout changer lorsque l'on augmente ou qu'on diminue la résistance que la machine doit vaincre, puisque alors avec la même vitesse on a des dépenses de vapeur très différentes.

§ 4. *Distribution de la vapeur.*

La distribution de la vapeur est l'un des points les plus importans de la construction des machines, surtout lorsqu'on se propose d'obtenir une détente qui puisse varier à volonté, suivant la pression de la vapeur dans la chaudière, suivant la puissance que l'on veut tirer de la machine, ou suivant le genre de travail auquel on veut l'employer. Nous allons donc essayer de faire comprendre aussi complétement qu'il nous sera possible le mode ingénieux de distribution qui a été adopté par M. Saulnier.

Entrée et sortie de la vapeur, ou *composition de la boîte à vapeur*. — On fait venir à la fonte avec le cylindre à vapeur, les principaux conduits de la distribution, ou plutôt les principaux conduits d'entrée et de sortie de la vapeur; ce système des conduits faisant corps avec le cylindre, est représenté vu de face, vu de profil et vu en-dessus, dans les figures 10, 11 et 12, pl. 13; on le voit en section et d'une manière plus nette dans la figure 1, pl. 16; on le voit enfin dans son ensemble sur les figures 1 et 2, planche 14. Dans la figure 1, pl. 16, on doit distinguer d'abord le conduit r'' qui s'ouvre à la partie supérieure du cylindre, et par lequel la vapeur arrive au-dessus du piston, c'est aussi le conduit de sortie quand la vapeur doit s'échapper; on doit distinguer ensuite le conduit r''' qui s'ouvre à la partie inférieure du cylindre, et par lequel la vapeur arrive au-dessous du piston, c'est pareillement le conduit de sortie par lequel la vapeur doit s'échapper; ce dernier conduit est appliqué contre le cylindre comme on le voit sur la figure 10, pl. 13, et sur la figure 2, pl. 14. Ces deux conduits sont rectangulaires et leurs ouvertures extérieures sont désignées par les mêmes lettres r'' et r''' sur la fig. 10, pl. 13; entre ces deux ouvertures s'en trouve une troisième r' de même forme et un peu plus grande, qui est exclusivement réservée à l'évacuation de la vapeur, comme nous allons le voir. Enfin, à côté de celle-ci, sur la droite et en croix avec elle, fig. 10, pl. 13, se trouve une quatrième ouverture pareille r, qui est exclusivement réservée à l'introduction de la vapeur. Ces deux dernières ouvertures correspondent aux deux conduits courbes et latéraux R et R', fig. 10, 11 et 12, planche 13, et fig. 1 et 2, planche 14, qui viennent aboutir d'un autre côté à l'embase rectangulaire figure 12, pl. 13, et figures 1 et 2, pl. 14, qui termine inférieurement le système des conduits venus à la fonte avec le cylindre à vapeur. Sous cette embase s'adaptent les sommets des deux petites colonnes creuses R'' et R''', tandis que les bases de ces mêmes colonnes vont aboutir à la chaise B, figure 5, pl. 13, et figures 1 et 2, pl. 14, sur les deux ouvertures qui donnent passage aux tuyaux d'introduction et d'évacuation de la vapeur, savoir : au tuyau d'introduction qui va se fixer au sommet de la colonne R'', et au tuyau d'évacuation qui va se fixer au sommet de la colonne R'''.

Maintenant l'on doit remarquer encore sur les figure 10, 11 et 12, planche 13, et fig. 1 pl. 16, la partie plane, rectangulaire et parfaitement bien dressée qui termine le système des conduits dans sa partie la plus éloignée du cylindre; cette partie est destinée à recevoir la boîte à vapeur S représentée dans les fig. 6, 7 et 8, pl. 16, sur une échelle presque double de celles des figures 10, 11 et 12, planche 13. La figure 6 est une vue intérieure de la boîte; la figure 7 une vue en-dessus, faisant bien voir la bride percée de trous qui doit recevoir le couvercle, et la fig. 8, une vue extérieure de côté, on distingue dans la fig. 1, pl. 16, la forme du fond opposé au couvercle. Cette boîte se fixe par 12 boulons, comme on le voit dans la fig. 2, planche 14, et dans la figure 1, planche 16; ensuite on y adapte le couvercle S' qui est représenté à part dans les fig. 9 et 10, planche 16. Ce couvercle est de fonte, comme la boîte elle-même; il est fixé par 9 boulons, savoir : 5 qui passent dans la bride de la boîte, et 4 qui passent dans une bride ménagée à cette fin à la partie supérieure du système des conduits, fig. 10, 11, et 12, planche 13, et fig. 1 et 2, planche 14. Ce même couvercle, fig. 9 et 10 planche 16, est muni d'une douille filetée en dehors, destinée à recevoir le presse-étoupes de la boîte à étoupes dans laquelle passe la tige du tiroir; ici les étoupes ne sont pas pressées directement, mais elles le sont au moyen du bouchon de cuivre qui se voit dans la figure 9.

Le tiroir S'' est représenté dans les figures 11 et 12, planche 16; il est de fonte, comme les autres parties de la boîte.

La figure 11 est une vue de profil, et la figure 12 une vue en-dedans.

Ce tiroir a ses bords parfaitement dressés pour qu'il puisse glisser avec facilité sur le plan dans lequel se trouvent les quatre ouvertures r, r', r'', r''', fig. 10, planche 13; sa largeur et sa longueur sont telles qu'il ne couvre jamais l'ouverture latérale d'introduction r, et qu'il ne puisse couvrir à la fois que deux des trois ouvertures r', r'' et r''', qui sont au-dessus l'une de l'autre. Il est facile maintenant de comprendre le jeu du tiroir et toutes les périodes de l'introduction et de l'évacuation de la vapeur, suivant les diverses positions qu'il peut prendre.

Dans la fig. 1, planche 16, on voit d'une part que la vapeur qui est au-dessus du piston sort par l'ouverture supérieure r'', passe sous le tiroir, regagne l'ouverture d'évacuation r', puis le conduit courbe R', fig. 14, et le tuyau qui est dans la petite colonne R''' dont le prolongement va passer par l'ouverture correspondante de la chaise; on voit d'une autre part que la vapeur de la chaudière arrivant par le tuyau qui passe dans l'ouverture de la chaise, et qui s'élève jusqu'au sommet de la colonne R'' se répand au sortir de ce tuyau dans le conduit courbe R qui lui fait suite, puis dans l'ouverture d'introduction r, par laquelle elle arrive dans la boîte au-dehors du tiroir, et qu'elle gagne ainsi par l'ouverture r''' le conduit r''', pour venir exercer sa pression au-dessous du piston et le forcer à prendre un mouvement de bas en haut.

Si l'on veut marcher à plein cylindre et sans détente, le tiroir devra garder cette position jusqu'à ce que le piston soit arrivé au-dessus de sa course; mais si l'on veut marcher avec détente, il faut qu'à l'instant où l'on veut profiter de la détente, le tiroir prenne la position qui est marquée fig. 3, planche 16, et qu'il y reste jusqu'à ce que le piston soit arrivé au sommet de sa course.

Supposons que le piston soit en effet au sommet du cylindre, alors le tiroir doit prendre la position de la figure 4; car il faut d'une part que la vapeur qui est sous le piston puisse s'échapper, et elle s'échappe en revenant par le conduit r''' qui l'avait apportée, elle passe sous le tiroir, rentre dans le conduit d'évacuation r', par l'ouverture du milieu qui est celle d'évacuation, puis elle passe dans le conduit courbe R', de là dans le tuyau qui est fixé au sommet de la colonne R''', et dont le prolongement fait le tuyau d'évacuation; il faut d'une autre part que la vapeur arrive au-dessus du piston, et elle y arrive en effet, car le conduit r'' n'est plus couvert par le tiroir, il s'ouvre dans la boîte à vapeur, qui est sans cesse alimentée par l'ouverture r', que le tiroir ne ferme jamais. Par conséquent le piston devra descendre.

Si l'on veut marcher sans détente, le tiroir devra garder cette position de la figure 4, jusqu'à ce que le piston soit arrivé au bas de sa course; mais si l'on veut marcher avec détente, il faut faire cesser l'introduction de la vapeur, à l'instant où la détente doit commencer, et pour cela il faut qu'à cet instant le tiroir remonte et prenne la position de la figure 5, pour la conserver jusqu'à ce que le piston soit arrivé au bas de sa course.

Alors il remontera encore pour dégager de nouveau l'ouverture inférieure et couvrir l'ouverture supérieure, afin que la vapeur puisse arriver par-dessous et s'évacuer par-dessus; il devra redescendre ensuite en deux temps, le premier temps ayant lieu pour faire cesser l'introduction et produire la détente, le deuxième temps ayant lieu lorsque le piston arrive au-dessus de sa course.

Ainsi, en dernier résultat, lorsque la machine marche à pleine vapeur et sans détente, le tiroir ne doit être mis en mouvement que quand le piston, arrivé aux limites de sa course, est sur le point de reprendre un mouvement contraire. Mais lorsque la machine marche avec détente, le tiroir doit en outre avoir un autre mouvement pour arrêter l'introduction, et il faut que ce mouvement s'accomplisse, au premier quart, au premier tiers de la course ascendante ou descendante, si l'on veut détendre à partir du premier quart ou du premier tiers de la course.

Ces principes sur les périodes des mouvements du tiroir étant bien compris, nous allons examiner le moyen qui est employé pour les produire à volonté.

Mouvement du tiroir. — Sur l'arbre principal de la machine, figure 6, planche 13, est disposé un excentrique Y, qui est représenté à part dans les figures 19, 20 et 21, planche 16; nous donnerons plus loin des détails sur sa construction qui est un peu compliquée; mais pour l'instant, nous nous bornerons à dire que sa propriété fondamentale consiste en ce que toutes les lignes droites menées par le centre de l'arbre et terminées à des points opposés de l'excentrique, sont égales entre elles, ou, en d'autres termes, que la somme de deux rayons correspondants quelconques de l'excentrique est constante. Ainsi, quand l'excentrique tourne avec l'arbre sur lequel il est monté, si l'on conçoit, par exemple, deux pointes disposées sur la ligne horizontale de l'axe de l'arbre, l'une à droite, l'autre à gauche, et appuyées sans cesse contre la tranche de l'excentrique pendant son mouvement, ces deux pointes resteront exactement à la même distance l'une de l'autre, l'une se trouvant autant éloignée de l'axe que l'autre s'en trouve rapprochée, puisque la somme des deux rayons qui mesurent ces deux distances est toujours constante. Mais en même temps cette distance des deux pointes se déplacera horizontalement, de droite à gauche et de gauche à droite de l'axe de l'arbre, d'une quantité égale à la différence qui existe entre le plus grand et le plus petit rayon de l'excentrique.

Cela posé, il sera facile de se rendre compte des effets de la *cage à galets,* qui est soumise à l'action de l'excentrique, et que l'on voit en élévation dans la figure 1, planche 16. Cette cage est formée de deux plaques de fonte, de deux galets et de quatre tiges d'assemblage. L'une des plaques est représentée dans les figures 17 et 18, planche 16; X est le corps de la plaque : il porte à ses quatre coins, des trous qui sont destinés à recevoir les quatre extrémités des tiges d'assemblage, et il porte en même temps deux oreilles x, destinées à soutenir l'axe des galets x', fig. 1, planche 16, qui sont de simples galets de fonte. L'une des tiges d'assemblage X'', est représentée dans les figures 13 et 14; elle est revêtue au milieu de sa longueur, d'une plaque d'acier trempé x'', fig. 19, fixée par des rivets, et qui forme la surface par laquelle elle frotte sur l'arbre; les quatre tiges sont pareilles : deux sont disposées au-dessus de l'arbre et de chaque côté de l'excentrique, comme on le voit dans la figure 20, et les deux autres sont disposées de la même manière au-dessous de l'arbre. Leur longueur doit être bien exactement telle, que la distance des deux galets x' soit égale à la somme des rayons de l'excentrique.

A l'une des plaques de fonte de la cage à galets, s'adapte, au moyen de quatre vis à tête carrée, une embase circulaire de fonte, faisant partie de *la queue de la cage* X'; cette pièce est vue en place dans la fig. 1, planche 16. Son autre extrémité porte une chappe, dans laquelle s'engage à charnière la branche verticale v de l'équerre V, fig. 1; et l'ensemble de ce dernier assemblage est vu par le bout dans la fig. 2, planche 14. L'équerre V, représentée à part dans les fig. 29 et 30, porte un collet par lequel elle se fixe sur l'axe tournant V', qui trouve lui-même son point d'appui sur la plaque de fondation, au moyen de deux supports de fonte V'', dont un seul est vu sur la figure 1. Leur ajustement d'ensemble se montre sur la figure 2, planche 13. Ces supports boulonnés sur la plaque de fondation, reçoivent dans des coussinets convenables les deux extrémités de l'arbre V', sur lequel est monté l'équerre ; ainsi par cette disposition, la cage des galets, tout en restant parfaitement libre pour prendre, par l'action de l'excentrique, un mouvement de va-et-vient qui est parfaitement horizontal, se trouve soutenue par l'extrémité de sa queue, de manière à ne pouvoir prendre d'autre déplacement que ceux qui lui sont imprimés par l'excentrique.

Ce mouvement horizontal de va-et-vient se transforme en mouvement vertical pareil au moyen de la branche v' de l'équerre, et se transmet à la tige du tiroir comme nous allons l'indiquer.

Un châssis rectangulaire, fig. 2, planche 14, est formé avec deux grandes tringles de fer T, et deux traverses d'assemblage, l'une supérieure T' qui se voit sur la figure 2; l'autre inférieure T'', qui se trouve cachée dans cette figure par l'axe tournant de l'équerre, mais qui est représentée à part dans les figures 27 et 28, planche 16. Les coupes de ces traverses se voient pareillement sur la fig. 1. A leur partie supérieure, les tringles T ont une embase qui arrête la traverse T', et une partie filetée qui reçoit des écrous de pression ; à leur partie inférieure, ces tringles ne portent ni embase, ni filets : elles s'engagent simplement dans la traverse T'', et cette dernière se trouve fixée à une hauteur convenable, au moyen de simples goupilles.

Ce châssis est lié d'une part à la branche v' de l'équerre, et de l'autre à la tige s du tiroir ; en même temps il est guidé à sa partie inférieure, parce que les prolongemens t des tringles passent dans les trous v'' ménagés à cet effet dans la construction des supports V'' de l'arbre tournant de l'équerre, fig. 1. La liaison de l'équerre et du châssis est établie au milieu même de la traverse T'', dans une ouverture qui se voit sur les figures 1 et 27 ; la petite pièce d'acier fondu t, représentée dans la figure 25, se loge dans cette ouverture, s'y ajuste entre deux petites plaques d'acier t'', fig. 26, qui se mettent l'une au-dessus, l'autre au-dessous, et sont fixées par des goupilles à la traverse elle-même ; l'extrémité de la branche v' de l'équerre, engagée d'avance dans la pièce t', s'y trouve ainsi retenue, et éprouve cependant le petit mouvement de rotation et de translation qui lui est nécessaire. Quant à la liaison de la traverse supérieure T' du châssis avec la tige du tiroir, elle se fait d'une manière très simple : cette traverse est percée en son milieu d'un trou vertical dans lequel passe la partie taraudée de la tige s, fig. 2, pl. 14, et fig. 1, planche 16. Au moyen de l'ouverture oblongue qui est pratiquée dans la tête de cette tige, elle se lie au tiroir avec une simple goupille, puis au moyen des deux écrous qui se trouvent l'un au-dessus, l'autre au-dessous de la traverse T', on donne à la tige s la longueur convenable, qui doit être réglée avec le plus grand soin, mais une fois pour toutes, car la seule condition à remplir c'est que le châssis étant au sommet de sa course, le tiroir ait la position représentée dans la fig. 2, planche 16, ou que, le châssis étant au point le plus bas de sa course, le tiroir ait la position représentée dans la fig. 4. Or, il suffit pour cela que la différence entre le plus grand et le plus petit rayon de l'excentrique soit égale au triple de la hauteur de l'une des trois ouvertures r', r'' ou r'''. En effet, le mouvement horizontal de la queue X' étant égal à la différence des rayons maximum et minimum de l'excentrique, l'extrémité de la branche v de l'équerre parcourra un espace égal à cette différence; et comme la branche v' est égale en longueur à la branche v, elle parcourra aussi le même espace et fera parcourir un espace égal à la tige du tiroir, et par conséquent au tiroir lui-même. Il reste donc seulement à tourner l'excentrique de manière que ces mouvements s'exécutent à propos, c'est-à-dire quand le piston est arrivé aux limites de sa course.

Ce mécanisme serait extrêmement simple et facile à concevoir, si la machine ne devait marcher qu'à pleine vapeur et sans détente. Dans la position de la fig. 1, planche 16, par exemple, le piston commence à remonter, et la cage à galets vient d'être placée dans la position qu'elle a, et qui convient au sommet de la course du tiroir; elle ne devrait être déplacée que quand le piston serait arrivé au sommet de la sienne, c'est-à-dire que l'excentrique ne devrait presser sur les galets de la cage, pour faire mouvoir cette cage en sens contraire, qu'à l'instant où la manivelle serait devenue verticale. Mais les arrangements deviennent un peu plus compliqués lorsqu'on veut se servir de la détente, et pour en rendre compte maintenant aussi complétement que nous le pourrons, nous allons expliquer en détail la construction de l'excentrique et les diverses fonctions qu'il remplit.

§ 5. *Construction de l'excentrique.*

Pour déterminer avec exactitude la forme de l'excentrique, il faut arriver d'abord à connaître la relation qui existe entre les différentes périodes de la course du piston et les angles correspondans qui sont décrits par la manivelle. A cet égard on peut aisément, sans aucun calcul, et par la simple inspection de la machine ou des figures qui la représentent, constater les résultats suivants :

1°. La course du piston est exactement double de la longueur b de la manivelle, cette longueur étant comptée depuis le centre de rotation, ou depuis l'axe de l'arbre de l'excentrique, jusqu'au centre du bouton par lequel la bielle est articulée avec la manivelle.

Ainsi le fléau, ou plutôt l'extrémité supérieure de la bielle, décrit entre les coulisses des guides E une ligne verticale dont la longueur est précisément $2b$, c'est-à-dire le double de la longueur de la manivelle, définie comme nous venons de le dire.

Il faut avoir soin d'exécuter la manivelle d'après la hauteur du cylindre à vapeur et l'épaisseur du piston, de telle sorte que cette condition soit remplie, sans qu'il reste d'espaces sensibles, soit au-dessus, soit au-dessous du piston, lorsqu'il est aux extrémités supérieures et inférieures de sa course, car ces espaces donneraient lieu à des pertes inutiles de vapeur.

2°. Lorsque le piston est au-dessus de sa course, la manivelle est en haut, dans une situation verticale, et la distance comprise entre le sommet de la bielle et le centre de rotation est égale à la somme des longueurs de la bielle et de la manivelle, c'est-à-dire à

$$l + b,$$

en désignant par l la longueur de la bielle elle-même.

3°. Lorsque le piston est au bas de sa course, la manivelle est en bas, dans une situation verticale, et la distance comprise entre le sommet de la bielle et l'axe de rotation est égale à la différence des longueurs de la bielle et de la manivelle, c'est-à-dire à

$$l - b.$$

4°. Lorsque le piston est au milieu de sa course, le sommet de la bielle est au milieu de l'espace qu'il parcourt entre les guides, et la distance comprise entre ce sommet et le centre de rotation est égale à

$$l.$$

Mais à cette position de la bielle correspond une certaine position de la manivelle, qui ne s'aperçoit pas immédiatement. On voit bien que l'angle de la manivelle avec la verticale est plus ou moins près d'être un angle droit, mais sa véritable valeur ne peut être déterminée que par le calcul ou par une construction graphique. Ce que nous disons ici pour ce cas particulier s'applique à toutes les autres positions du sommet de la bielle et aux angles correspondants de la manivelle avec la verticale. Comme il est souvent nécessaire de connaître ces relations particulières, nous allons donner d'abord la formule générale au moyen de laquelle elles peuvent être déterminées dans tous les cas possibles.

Soit b la longueur de la manivelle ;
- l la longueur de la bielle ;
- z la distance variable qui existe entre le centre de rotation et le sommet de la bielle ;
- a l'angle de la bielle avec la verticale ;
- x l'angle de la manivelle avec la verticale, cet angle étant compté à partir de la position que la manivelle occupe quand le piston est au-dessus de sa course.

Il est facile de voir que la manivelle b, la bielle l et la distance variable z, forment en général un triangle dans lequel a est l'angle opposé au côté qui représente la manivelle, et x l'angle opposé au côté qui représente la bielle, de telle sorte que l'angle opposé à la distance variable z est égal à

$$180 - (a + x).$$

Ce triangle donne

$$\sin a : \sin[180 - (a + x)] :: b : z$$

ou

$$\sin a : \sin(a + x) :: b : z,$$

d'où l'on tire

$$z = \frac{b.\sin(a+x)}{\sin a}$$

ou

$$z = b\cos x + \frac{b\sin x.\cos a}{\sin a},$$

et si l'on suppose que la longueur de la bielle soit égale à n fois la longueur de la manivelle, le nombre n étant en général assez voisin de 5 parce qu'ordinairement la bielle est environ cinq fois plus longue que la manivelle, on aura

$$l = nb$$

et en même temps,

$$\sin a : \sin x :: b : l \quad \text{ou} \quad nb,$$

d'où

$$\sin a = \frac{\sin x}{n},$$

et par conséquent,

$$\cos a = \frac{1}{n}\sqrt{n^2 - \sin^2 x}$$

ou

$$\cos a = \frac{1}{n}\sqrt{n^2 - 1 + \cos^2 x},$$

ce qui donne

$$\frac{\sin x \cos a}{\sin a} = \sqrt{n^2 - 1 + \cos^2 x};$$

et enfin,

$$z = b(\cos x + \sqrt{n^2 - 1 + \cos^2 x}).$$

Telle est la relation qui existe entre la distance variable z et l'angle variable x que décrit la manivelle à partir de son point le plus élevé.

Il est facile de voir que si cet angle est 0°, 90° ou 180°, on a pour z les résultats suivants :

$x = 0°$, $\cos x = 1$, $z = b + nb$, ou $z = l + b$,
$x = 90°$, $\cos x = 0$, $z = b\sqrt{n^2 - 1}$,
$x = 180°$, $\cos x = -1$, $z = -b + nb$ ou $z = l - b$.

Si la bielle était très longue par rapport à la manivelle, n serait très grand, on aurait alors

$$\sqrt{n^2 - 1} = n,$$

et

$$z = nb = l,$$

c'est-à-dire que dans ce cas, comme il est facile de le voir, le piston serait juste au milieu de sa course quand la manivelle serait horizontale; mais lorsque la bielle n'est pas très longue, la valeur de l'angle x que fait la manivelle doit être plus petite qu'un angle droit, pour que le piston soit au milieu de sa course; et par la même raison, il faut qu'en partant de son point le plus bas la manivelle décrive en remontant un arc plus grand qu'un quart de cercle pour que le piston atteigne le milieu de sa course.

On voit donc qu'en général, pour que le piston parcourre une partie quelconque de sa course *en descendant*, par exemple, un tiers ou un quart, il ne faut pas que l'extrémité de la manivelle décrive un arc aussi grand que celui qu'elle décrit lorsque le piston parcourt le tiers ou le quart de sa course *en remontant*.

Pour trouver d'une manière générale l'angle qui correspond à une portion quelconque de la course ascendante ou descendante du piston, il suffit de poser

$$z = l + b - \frac{2b}{p},$$

de substituer pour z cette valeur dans la relation précédente et d'en tirer la valeur de $\cos x$, qui est alors

$$\cos x = \frac{(p^2 - 2p)(1 + n) + 2}{p^2(1 + n) - 2p}.$$

Si maintenant l'on donne à p une valeur quelconque dans l'équation précédente et dans celle-ci, on aura bien facilement les valeurs correspondantes de z et de x.

Prenons quelques exemples.

Pour $p = \infty$, on a $z = l + b$ et $\cos x = 1$ d'où $x = 0$.

Ainsi le piston est au-dessus de sa course.

Pour $p = 1$, on a $z = l - b$ et $\cos x = -1$, d'où $x = 180°$.

Ainsi le piston est au bas de sa course.

Et pour toutes les valeurs de p plus grandes que 1, le piston aura atteint diverses périodes de sa course descendante ou ascendante,

pour $p = 2, \quad 3, \quad 4, \ldots 10,$

il faudra de la longueur totale $l + b$, retrancher successivement

$$\frac{2b}{2}, \quad \frac{2b}{3}, \quad \frac{2b}{4}, \ldots \frac{2b}{10};$$

c'est-à-dire la moitié, le tiers, le quart ... le dixième de la course entière qui est $2b$, et par conséquent le piston sera

à $\frac{1}{2}$, $\frac{1}{3}$, $\frac{1}{4}$, ... $\frac{1}{10}$ de sa course descendante,
ou à $\frac{1}{2}$, $\frac{2}{3}$, $\frac{3}{4}$, ... $\frac{9}{10}$ de sa course ascendante.

Pour $p = \frac{3}{2}, \quad \frac{4}{3}, \quad \frac{5}{4}, \ldots \frac{10}{9},$

il faudra de la longueur totale $l + b$, retrancher successivement les $\frac{2}{3}$, les $\frac{3}{4}$, les $\frac{4}{5}$, ... les $\frac{9}{10}$ de la course entière $2b$, et par conséquent le piston sera

$$\text{à}\ \tfrac{2}{3},\ \tfrac{3}{4},\ \tfrac{4}{5}\ \ldots\ \tfrac{9}{10}\ \text{de sa course descendante,}$$

$$\text{ou à}\ \tfrac{1}{3},\ \tfrac{1}{4},\ \tfrac{1}{5}\ \ldots\ \tfrac{1}{10}\ \text{de sa course ascendante.}$$

Il en résulte que si l'on veut trouver par exemple les angles décrits par la manivelle lorsque le piston arrive au quart de sa course descendante, et au quart de sa course ascendante il faut déterminer les valeurs de x qui correspondent à $p=4$ et à $p=\frac{4}{3}$, après avoir donné à n la valeur qui convient à la machine. Or, dans la machine que nous décrivons, l'on a

$b=$ 576 millimètres,
$l=$ 2697 millimètres,

par conséquent, $n=4{,}682$.

Avec ces données l'on trouve que pour faire arriver le piston au quart de la course descendante, il faut que la manivelle décrive un arc de 55° 6′ en partant du point le plus haut du cercle qu'elle décrit, et que pour le faire arriver au quart de sa course ascendante, il faut que la manivelle décrive un arc de 65° 46′ en partant du point le plus bas du cercle qu'elle décrit.

Pour déterminer les angles qui correspondent au tiers de la course descendante et de la course ascendante, il faut supposer $p=3$ et $p=\frac{3}{2}$, ce qui donne des angles de 65° 2′ et de 76° 38′.

Pour déterminer l'angle qui correspond au milieu de la course descendante, il faut supposer $p=2$, ce qui donne un angle de 84°, c'est-à-dire qu'en partant du sommet de son cercle la manivelle doit décrire un arc de 84° pour que le piston atteigne le milieu de sa course descendante ; par conséquent en partant du point le plus bas il faut qu'elle décrive un arc de 96° pour que le piston atteigne le milieu de sa course ascendante.

On pourrait déterminer avec la même facilité les arcs descendants ou ascendants de la manivelle qui correspondent à toute autre période de la course du piston.

Pour appliquer maintenant cette discussion à la recherche de la forme qu'il convient de donner à l'excentrique, nous devons rappeler encore :

1°. Que l'étendue du mouvement que reçoit le tiroir est égale à trois ou à trois fois la hauteur verticale de l'une des ouvertures r', r'' ou r''', fig. 10, planche 13, et fig. 2, 3, 4, 5, planche 16, parce que nous prendrons pour unité la hauteur de l'une de ces ouvertures ;

2°. Que la longueur verticale de la capacité intérieure du tiroir est égale à 4 unités ou à 4 fois la même hauteur de l'ouverture r'' ;

3°. Que la longueur verticale du tiroir, prise en dehors, est égale à six unités ;

4°. Que les deux bras ν et ν' de l'équerre, fig. 1 et fig. 29, planche 16, étant égaux entre eux, l'étendue du mouvement de la cage des galets est précisément égale à l'étendue du mouvement du tiroir, c'est-à-dire à trois unités.

Cela posé, voici les conditions mathématiques que l'excentrique doit remplir, en supposant que l'on veuille faire la détente à partir du tiers de la course.

Le piston étant arrivé au bas de sa course, il faut que la machine accomplisse les mouvements suivants : au moment où le piston doit commencer à remonter, il faut que le tiroir soit porté au sommet de sa course, dans la position de la fig. 2, pl. 16; alors la vapeur arrive librement par l'ouverture r''', qui est en superficie environ un trente-huitième de la section du cylindre, tandis qu'elle s'échappe sous le tiroir par les ouvertures r'' et r'; en même temps la manivelle part de son point le plus bas pour s'élever graduellement.

Puisque la manivelle doit décrire un arc de 76° 38′ pour que le piston arrive au tiers de sa course ascendante, il faut que le tiroir garde sa position extrême, fig. 2, pendant tout le temps que la manivelle décrit cet arc de 76° 38′; mais à l'instant où elle arrive à cette limite il faut que le tiroir redescende d'une unité et prenne la position de la fig. 3, pour fermer l'ouverture r''' et arrêter l'introduction de la vapeur, et il faut qu'il garde cette position nouvelle pendant tout le temps que le piston achève sa course, c'est-à-dire pendant que la manivelle décrit les 103° 22′ qui lui restent à parcourir pour achever sa demi-circonférence.

A cet instant, le piston doit commencer à redescendre, et pour que la vapeur arrive au-dessus de lui librement dans le cylindre, il faut que le tiroir prenne la position de la figure 4, c'est-à-dire qu'il descende de deux unités et qu'il tombe immédiatement au bas de sa course; de plus il faut qu'il y reste pendant tout le temps que met le piston à parcourir le premier tiers de sa course descendante. Or, puisqu'il faut pour cela que la manivelle décrive un arc de 65°.2′, il est évident que la cage des galets, fig. 1, planche 16, doit d'abord être repoussée à droite un instant après que le piston est arrivé au sommet de sa course, qu'elle doit être repoussée comme le tiroir, d'une quantité égale à deux unités, et qu'elle doit rester dans cette position pendant tout le temps que la manivelle décrit son arc de 65° 2′. Aussitôt que la manivelle a atteint cette limite, l'introduction de la vapeur doit cesser pour produire la détente, et pour cela il faut que le tiroir remonte dans la position de la figure 5 et qu'il y reste pendant que le piston achève sa course descendante, c'est-à-dire pendant que la manivelle décrit l'arc de 114° 58′ qui lui reste à parcourir pour achever sa demi-révolution. Ce mouvement du tiroir, qui est d'une unité, exige que la cage des galets soit pareillement repoussée à gauche, d'une valeur égale aussi à l'unité.

Enfin, le piston étant arrivé au bas de sa course, il faut qu'immédiatement après, le tiroir remonte encore de deux unités pour permettre l'introduction de la vapeur par l'ouverture r''', et qu'il accomplisse de nouveau et dans le même ordre, tous les mouvements dont nous venons de parler.

Ainsi, en dernier résultat, aussitôt que le piston est arrivé au bas de sa course, l'excentrique doit repousser à gauche la cage des galets, d'une quantité égale à 2 unités, et il doit parcourir, comme la manivelle, un arc de 76° 38′, sans déranger la cage de cette position; à cette limite il doit repousser à droite la cage de galets d'une seule unité, et la laisser là pendant qu'il parcourt les 103° 22′ qui complètent sa demi-révolution; à cette limite, il doit la repousser encore à droite de deux unités, pour que la vapeur arrive sur le piston, et il doit la laisser là pendant qu'il décrit, comme la manivelle, un arc de 65° 2′.

A cette limite, il doit la repousser à gauche d'une seule unité, pour arrêter l'introduction, et il doit la laisser là pendant qu'il décrit les 114° 58′ qui lui restent à parcourir pour achever sa révolution entière.

L'excentrique n'agit donc en réalité sur la cage des galets que dans quatre points de sa révolution complète, savoir :

1°. Un instant après que la manivelle est passée par son point le plus bas; alors il pousse la cage à gauche de deux unités ;

2°. Lorsqu'à partir de ce point il achève son arc de 76° 38′; alors il pousse la cage à droite d'une seule unité;

3°. Lorsqu'il achève sa demi-révolution; alors il pousse la cage à droite de deux unités;

4°. Enfin, lorsqu'il achève de décrire l'arc de 65° 2′ en plus de sa demi-révolution; alors il pousse la cage à gauche d'une seule unité.

Ces conditions pourraient être facilement remplies, si l'excentrique n'agissait que sur un seul point, avec lequel il serait maintenu en contact, par des ressorts ou de quelque autre manière; mais M. Saulnier a préféré une disposition incomparablement plus solide et d'un effet infaillible, en construisant autour de l'excentrique la cage des galets, et en l'ajustant pour que l'excentrique agisse à la fois sur deux points, aux deux extrémités de son diamètre horizontal. Avec cette disposition, il est vrai, on n'a pas la liberté de faire agir l'excentrique pendant qu'il décrit un arc de 76° au commencement de sa première demi-révolution, et un arc de 65° au commencement de sa deuxième demi-révolution; mais alors on prend un arc moyen de 70° 30′ ou seulement 70°, et les résultats sont à peu près les mêmes.

La figure 31 représente le tracé géométrique de l'excentrique auquel on est conduit par ces considérations.

On décrit un cercle intérieur ayant le même rayon que l'arbre de l'excentrique; cette portion évidée sert à monter l'excentrique sur son arbre.

On décrit un second cercle d'un rayon un peu plus grand *ob*, qui reste arbitraire, mais qui doit être assez grand pour que l'excentrique ait une solidité convenable, comme nous allons le voir.

On décrit ensuite trois autres cercles avec des rayons *oc*, *od* et *oe*, tels que chacun surpasse le précédent d'une quantité précisément égale à la hauteur verticale de l'ouverture r'', que nous avons prise pour unité.

Ainsi,

$$oc = ob + 1,$$
$$od = oc + 1,$$
$$oc = od + 1.$$

Cela fait, on trace un diamètre horizontal *fg*, et, à partir du point *f*, on prend un arc *fh* de 70°, et l'on mène le diamètre *hi*; ensuite de *h* en *g* on enlève toute la portion du cercle extérieur jusqu'à la circonférence dont le rayon est *od*; de *g* en *i*, on enlève de même la matière jusqu'à la circonférence dont le rayon est *ob*; et de *i* en *f*, on enlève la matière jusqu'à la circonférence dont le rayon est *oc*. On a ainsi un pourtour composé de quatre arcs égaux deux à deux et de rayons différents, savoir :

l'arc *fh* de 70° et de rayon $ob + 3$,
l'arc *kl* de 110° et de rayon $ob + 2$,
l'arc *mn* de 70° et de rayon *ob*,
l'arc *pq* de 110° et de rayon $ob + 1$.

Il reste seulement à raccorder ces différents arcs les uns aux autres par des courbes convenablement inclinées, comme *rs*, *tu*, *vx* et *yz*.

La forme plus ou moins arbitraire de ces courbes est le point le plus délicat de la construction de l'excentrique, parce qu'elle dépend de plusieurs élémens dont on doit tenir compte. Si l'excentrique n'agissait que sur des points ou sur des lignes mathématiques, il suffirait, par exemple, que la somme des rayons *oj* et *oj'* fût égale à la somme de deux autres rayons opposés quelconques; mais comme l'excentrique agit sur des galets d'un certain diamètre, figure 1; pl. 16, on comprend que les contacts des courbes *rs* et *vx*, avec ces galets n'ayant pas lieu sur la ligne horizontale qui passe par le centre de l'excentrique et par l'axe de rotation des galets, il en résulte un nouvel élément géométrique qu'il serait impossible de négliger; c'est là surtout ce qui doit déterminer la forme définitive des courbes de raccordement, soit dans leurs parties moyennes, soit dans les points où elles viennent se confondre avec les arcs eux-mêmes.

En admettant qu'on ait eu égard à ces circonstances, il est maintenant facile de voir comment la distribution s'accomplit dans l'hypothèse que nous avons choisie, c'est-à-dire lorsque la détente a lieu au tiers de la course du piston. En effet, la manivelle étant à son point le plus bas, fig. 31, et le mouvement de rotation de l'excentrique ayant lieu dans le sens indiqué par la flèche, on voit que le galet de gauche, qui roulait tout à l'heure sur l'arc *zr*, commence à être attaqué par la courbe *rs* qui le repousse à gauche de deux unités, tandis que le galet de droite peut se rapprocher, parce que la courbe *vx* lui offre un espace convenable; et les choses resteront dans cet état pendant que l'excentrique achève de décrire les 70° qui correspondent au premier tiers de la course ascendante du piston. A cet instant, la courbe *yz* arrive en montant pour attaquer le galet de droite et le repousser à droite d'une unité, tandis que le galet de gauche se rapproche en glissant sur la courbe *tu*, qui lui fait place; et les choses restent dans cet état pendant que l'excentrique achève sa demi-révolution, c'est-à-dire pendant que l'arc *zr* passe devant le galet de droite, et l'arc *uv* devant le galet de gauche. Après cette demi-révolution, qui correspond à la course ascendante complète du piston, la courbe *rs* attaque le galet de droite pour le repousser encore à droite de deux unités, tandis que le galet de gauche marche lui-même dans le même sens pendant le passage de la courbe *vx*, qui lui fait place; et les choses restent dans cet état pendant que l'excentrique décrit les 70° qui correspondent au premier tiers de la course descendante du piston. Enfin, la courbe *yz* attaque le galet de gauche pour le repousser à gauche d'une unité, tandis que le galet de droite marche dans le même sens pendant le passage de la courbe *tu*, qui est devant lui et qui lui fait place; et les choses restent dans cet état pendant que l'excentrique achève sa seconde demi-révolution, qui ramène ainsi la courbe *rs* sur le galet de gauche pour le repousser à gauche de deux unités, et recommencer une nouvelle série d'actions toutes pareilles à celles que nous venons d'analyser. On voit donc, en dernier résultat, que les courbes *rs* et *zy* sont véritablement les deux seules parties actives de l'excentrique, c'est-à-dire les deux seules qui attaquent les galets de droite et de gauche pour les pousser aux points où ils doivent être conduits, et où ils sont ensuite maintenus par les autres portions de l'excentrique. Il faut par conséquent donner un soin particulier au tracé de ces deux courbes, et ensuite limer par tâtonnement les courbes *vx* et *tu*, de manière qu'elles puissent aussi remplir leurs fonctions sans produire des chocs ou des frottements qui compromettraient l'efficacité de ce mode de distribution.

Si au lieu de faire la détente au tiers de la course, on voulait qu'elle s'accomplît, par exemple, au quart, on comprend qu'il suffirait de prendre, au lieu d'un arc de 70°, un arc de 60, qui est l'arc moyen entre 55 qui correspond au premier quart de la course descendante, et 65 qui correspond au premier quart de la course ascendante; du reste le tracé de l'excentrique serait soumis à des conditions complétement analogues.

Tels sont les principes d'après lesquels on pourrait construire des excentriques à détente fixe, quel que soit le point de la course où dût commencer la détente.

Mais M. Saulnier a voulu combiner son excentrique pour obtenir une détente variable, et il nous reste à indiquer comment cette nouvelle condition peut être remplie. Nous nous bornerons pour cela à un seul exemple, en faisant voir comment il faut modifier l'excentrique que nous avons décrit, pour qu'il puisse donner la détente aux deux tiers, au lieu de la donner au tiers de la course.

Puisque la manivelle décrit 65° pendant que le piston parcourt le premier tiers de sa course descendante, il est évident qu'elle en décrit 180 moins 65 ou 115, pendant que le piston parcourt les deux premiers tiers de sa course ascendante. De même, puisque la manivelle décrit 76° pendant que le piston parcourt le premier tiers de sa course ascendante, il est évident qu'elle en décrit 180 moins 76 ou 104, pendant que le piston parcourt les deux premiers tiers de sa course descendante. La moyenne entre 115° et 104° étant de 108° 30′ ou environ 108°, il faudrait donc pour détendre aux deux tiers, substituer un arc de 108° à l'arc de 70°, qui convient à la détente de un tiers. Or, si l'on imagine que l'on ait à côté l'un de l'autre et montés sur le même arbre, deux excentriques comme celui de la figure 31, planche 16, et que l'un d'eux étant fixé sur l'arbre, l'autre puisse tourner plus ou moins et garder la position qu'on lui donne, il est clair que ces deux excentriques feront la détente à un tiers, comme s'il n'y en avait qu'un, lorsqu'ils seront superposés de manière que les parties homologues de leurs contours se correspondent : mais si l'on fait tourner celui qui est mobile, de manière que son point t vienne en t', l'arc st' étant de 108 degrés, l'introduction de la vapeur aura bien lieu pendant les deux tiers de la course ascendante; il est vrai que par ce déplacement de l'excentrique mobile, son point v s'avancerait aussi en v', à 38° au-delà du point v, et cette portion vv' empêcherait ainsi le galet de droite de toucher comme il le doit à la circonférence xy; mais il suffira de supprimer cette partie vv', pour que la première demi-révolution s'accomplisse comme elle doit le faire. Ensuite, l'arc xy devant aussi avoir 108°; on comprend qu'il suffira d'enlever une portion zz', égale à 38°, pour remplir cette condition. On voit donc comment en retranchant des parties convenables, sur l'excentrique fixe et sur l'excentrique mobile, on arrivera bien aisément à faire la détente aux deux tiers de la course; il faut seulement remarquer que les parties efficaces qui agissent sur les galets, appartiendront tantôt à la partie fixe et tantôt à la partie mobile, et que l'épaisseur des galets devra être égale à la somme des épaisseurs des deux excentriques.

Si au lieu de tourner la partie mobile de 38°, on la tourne seulement de 10, 15, 20, 25 ou 30 degrés, on obtiendra des détentes intermédiaires entre $\frac{1}{3}$ et $\frac{2}{3}$.

Les figures 19, 20 et 21, planche 16, représentent les deux pièces analogues dont se composent les excentriques de M. Saulnier. La pièce fixe Y, porte un boulon y (vu à part dans la figure 23), passant au travers d'un arc évidé y', qui se trouve dans la pièce mobile Y′; l'écrou du boulon y, serre ces deux pièces l'une contre l'autre pour les rendre solidaires, en même temps la pièce fixe Y, porte encore une vis de pression y'', fig. 20 et 21, qui sert à la fixer sur l'arbre. Cette vis est représentée à part dans la figure 22.

Ces détails seront sans doute suffisants pour bien faire comprendre ce principe ingénieux de distribution à détente variable, sans qu'il soit besoin d'expliquer plus au long tous les soins qu'il faut apporter à l'exécution des courbes par lesquelles les deux pièces de l'excentrique agissent sur les galets, dans les diverses positions que la pièce mobile peut prendre, à l'égard de la pièce fixe. Nous ajouterons seulement que dans tout le tracé de ces courbes, il ne faut pas négliger d'empêcher, autant que possible, l'introduction trop brusque de la vapeur, lorsque le piston est arrivé aux extrémités de sa course et au moment où il rebrousse chemin ; il importe que dans ces premiers instants, la vapeur n'arrive pas à plein orifice, et l'on peut obtenir ce résultat, soit par la forme des courbes efficaces, soit aussi par la forme des bords du tiroir ; on voit par exemple, sur la figure 12, planche 16, qu'en haut et en bas le tiroir est terminé par des pointes qui ferment une partie des orifices dans les premiers instants de l'introduction.

§ 6. *Modérateur à force centrifuge.*

L'introduction de la vapeur se règle comme à l'ordinaire, au moyen d'une valve qui se trouve disposée dans un tuyau adapté lui-même au sommet de la colonne d'introduction R'', fig. 2, planche 14. L'axe *w* de cette valve, sort au dehors de la colonne et il porte une petite queue horizontale, perpendiculaire à sa longueur, à laquelle vient s'articuler l'extrémité inférieure de la tige verticale W, dont l'extrémité supérieure s'articule au grand levier horizontal W', figures 1 et 2, planche 14 ; et figure 1, planche 13. Le point d'appui du levier W' est sur la pièce W'', et au milieu de sa longueur, il passe dans le manchon du pendule conique dont il doit suivre les mouvements d'élévation et d'abaissement. Lorsque le manchon du pendule s'élève, le levier W' s'élève avec lui, entraîne la tige verticale W et ferme un peu la valve pour diminuer l'introduction ; au contraire, quand le manchon du pendule s'abaisse, le levier W s'abaisse avec lui, fait descendre la tige verticale W, qui tourne alors l'axe de la valve dans le sens qui convient pour augmenter l'introduction. La pièce *w'* qui est représentée à part, dans la figure 14, planche 15, est celle qui s'articule à la queue de la valve, par son extrémité inférieure, tandis qu'elle se lie par son extrémité supérieure à la pièce *w''*, fig. 13, formant vers le haut, écrou, pour régler la véritable longueur de la tige verticale W. Cet écrou *w''* se voit aussi dans la figure 1, planche 13 et figure 2, planche 14, muni des petits manches qui servent à le faire tourner.

Une poulie U, montée sur l'arbre du volant, figure 1 et 2, planche 14, sert à imprimer le mouvement de rotation à l'axe du pendule conique, au moyen de la corde *u* et des poulies de renvoi U'', et de la poulie à plusieurs gorges U', fixée elle-même par une vis de pression *u'*, sur l'axe du pendule, fig. 2, planche 14, et fig. 7, planche 15.

Lorsque la vitesse du volant est celle que l'on adopte pour *vitesse régime*, et dans la machine de 16 chevaux que nous décrivons, cette vitesse est de 26 tours de volant en une minute, ou de 26 coups doubles du piston ; alors la vitesse de rotation de l'axe Z du pendule, doit maintenir les boules Z', à un certain degré moyen d'écartement. Si par une trop grande production de vapeur ou par un allégement à la résistance totale de la machine cette vitesse régime venait à s'augmenter, l'axe du pendule tournerait plus vite, les boules seraient écartées davantage par la force centrifuge, le levier w', serait un peu soulevé par le manchon Z'', et la valve d'introduction se fermerait un peu et empêcherait ainsi une plus grande accélération. Au contraire, si la vitesse régime diminuait un peu, les boules du pendule moins repoussées par la force centrifuge, retomberaient un peu, feraient descendre le manchon Z'', baisseraient le levier W', et la valve d'introduction s'ouvrirait un peu plus pour donner une plus grande quantité de vapeur ; on sait que les articulations z, z', z'', doivent être parfaitement libres et que le manchon Z'' doit couler très librement sur l'axe Z.

Mais pour produire ces effets dans des limites convenables, la construction du pendule conique est soumise à diverses conditions, qui ont été analysées pour la première fois, par M. Poncelet, d'une manière complète et avec une lucidité qui ne laisse rien à désirer (*Cours de mécanique appliquée aux machines*). La solution de cette question est d'un trop grand intérêt, pour que nous n'essayions pas au moins de l'appliquer au modérateur de la machine que nous décrivons ici.

Désignons par v la vitesse angulaire de rotation de l'axe Z, c'est-à-dire la vitesse à une distance 1 de cet axe.

Par x, l'angle correspondant que font les côtés zz' avec le même axe Z ;
Par a, la longueur des côtés zz', comprise entre les deux articulations ;
Par b, la distance du sommet z au centre de gravité des boules ;
Par h, la distance variable de la ligne zz'', au sommet z ;
Par 2P, le poids des deux boules ;
Par 2M, leur masse ;
Et par g, la gravité ; on sait qu'à Paris la valeur de g est $9^{m},8088$.

Pendant le mouvement, les forces qui sollicitent les boules et qui les maintiennent à un degré constant d'écartement, sont d'une part : la force centrifuge qui tend à les éloigner de plus en plus, et la pesanteur qui tend au contraire à les rapprocher ; ces forces agissent, par des bras de levier différents, et comme elles se font équilibre, elles doivent être en raison inverse de leurs bras de levier ; ou ce qui revient au même, elles doivent être égales lorsqu'on les multiplie par leurs bras de levier respectifs.

La force centrifuge est en raison directe de la masse et du carré de la vitesse, et en raison inverse du rayon du cercle décrit ; la vitesse étant v, à la distance 1 de l'axe, est vr à la distance $Z'i = r$; le carré de la vitesse est v^2r^2 ; le rayon du cercle décrit par les boules est $Z'i = r$. Ainsi la force centrifuge est exprimée par

$$2Mv^2r ;$$

Son bras de levier est $\qquad zi = b \cos x.$
On a d'ailleurs $\qquad r = Z'i = b \sin x.$

Ainsi le produit de la force centrifuge par son bras de levier est :

$$2Mv^2b^2 \sin x \cos x.$$

Le poids des boules est $2P$,
Son bras de levier $Z'i = b \sin x$.
Le produit du poids par son bras de levier est

$$2P\, b \sin x.$$

Ainsi la condition d'équilibre est :

$$2Mv^2b^2 \sin x \cos x = 2P\, b \sin x,$$

ou

$$Mv^2b \cos x = P.$$

On a d'ailleurs $P = Mg$,

et $h = 2a \cos x$; d'où $\cos x = \frac{h}{2a}$

En substituant les valeurs de P et de $\cos x$, la condition d'équilibre devient

$$v^2bh = 2ag;$$

d'où

$$h = \frac{2ag}{bv^2}.$$

Si l'on représente maintenant par t la durée d'une révolution de l'axe du pendule, cette durée étant exprimée en secondes, la vitesse angulaire v, pour l'unité de distance, sera égale à l'espace divisé par le temps; or, l'espace parcouru dans une révolution étant égal à la circonférence du rayon 1, ou à 2π,

on a $v = \frac{2\pi}{t}$ et $v^2 = \frac{4\pi^2}{t^2}$,

ce qui donne $h = \frac{2agt^2}{4\pi^2 b}$;

d'où l'on tire $t = 2\pi \sqrt{\frac{bh}{2a} \cdot \frac{1}{g}}$,

et comme on a en même temps

$$h = 2a \cos x,$$

et

$$zi = b \cos x,$$

il en résulte $zi = \frac{bh}{2a}$,

d'où $t = 2\pi \sqrt{\frac{zi}{g}}$,

Or, la formule des oscillations d'un pendule simple de longueur l, étant

$$t = \pi \sqrt{\frac{l}{g}},$$

on voit donc en dernier résultat, qu'il faut pour l'équilibre, que la durée d'une révolution de l'axe du modérateur, soit double de la durée des oscillations du pendule simple, dont la longueur serait égale à la hauteur verticale du sommet z, au-dessus du centre des boules.

Ainsi, pour que cette hauteur zi, fût réduite, par exemple, au quart de sa valeur, il faudrait que la vitesse de rotation devînt double.

Dans l'exemple qui nous occupe, on a à l'état de repos $zi = 0^m,35$, et il est facile d'en déduire

$$t = 1'', 19,$$

c'est-à-dire que les boules ne peuvent quitter leur position de repos, pour s'écarter en vertu de la force centrifuge, que quand la durée d'une révolution du modérateur, est moindre que 1'', 19, ou, en d'autres termes, quand le modérateur fait environ 50 révolutions et demie en une minute.

Il est facile ensuite de déterminer les valeurs de h, qui correspondent par exemple, à 55, 60, 65, 70, 75 et 80 révolutions par minute, lorsqu'on connaît les valeurs de a et de b, qui sont $a = 0,26$; $b = 0,36$. On trouve ainsi :

NOMBRE des révolutions par minute.	VALEURS correspondantes de h.	DIFFÉRENCES en élévation du manchon.
	mm.	mm.
50	510	84
55	426	68
60	358	52
65	306	42
70	264	34
75	230	28
80	202	

Par conséquent, si l'on prend 60 révolutions par minute pour la vitesse de régime, un écart de 5 révolutions au-dessus ou au-dessous, c'est-à-dire de $\frac{1}{12}$, donnera, dans le manchon, une variation de 52 millimètres pour l'accélération, et de 68 millimètres pour le ralentissement, ou une variation moyenne de 6 centimètres.

On démontre aisément que cette variation du manchon de part et d'autre du point qui correspond à la vitesse de régime, est en général exprimée approximativement par

$$2nh,$$

h étant la distance du manchon au sommet fixe, pour la vitesse de régime, et n étant la fraction qui exprime la variation de cette vitesse ; ainsi dans l'exemple précédent, on a

$$h = 358 \qquad \text{et } n = \frac{1}{12};$$

ce qui donne $$2nh = \frac{358}{6} = 59{,}7,$$

valeur qui est en effet très rapprochée de celle que nous avons trouvée par le calcul direct.

Tous les résultats qui précèdent sont purement théoriques, car ils sont obtenus dans la supposition qu'il n'y a aucun frottement et aucune résistance qui puissent empêcher les boules d'obéir immédiatement et d'une manière complète, aux actions simultanées de la force centrifuge et de la pesanteur ; ils supposent de plus que le poids des boules est assez considérable pour qu'on puisse négliger le poids des tringles qui les portent et admettre que le centre de gravité du système est au centre des boules elles-mêmes.

Pour compléter cette théorie et la rendre véritablement applicable à l'établissement des machines, il fallait déterminer le rapport qui doit exister entre le poids des boules et la résistance qui s'exerce sur le manchon, pour que la vitesse ne puisse pas éprouver une variation donnée, sans que les boules n'entrent aussitôt en mouvement, pour empêcher une variation plus grande. C'est ce qui a été fait par M. Poncelet, non-seulement pour le modérateur qui nous occupe, mais pour les divers autres modérateurs qui reposent sur des principes analogues. Lorsqu'il s'agit du modérateur à losange, adopté par M. Saulnier, M. Poncelet démontre que l'on doit avoir la relation

$$\frac{2P}{R} = \frac{a}{b} \cdot \frac{1}{n},$$

dans laquelle :

2P est le poids des boules ;

R est la somme des résistances de toute espèce qui s'opposent au mouvement du manchon, c'est-à-dire le frottement du manchon sur l'axe du pendule, le frottement de l'axe de la valve, etc. ; la somme de ces résistances peut être assimilée à un poids qui tendrait à tirer le manchon en bas, lorsqu'il doit s'élever, ou qui tendrait à le tirer en haut lorsqu'il doit descendre.

a est le côté du losange, ou $0^m,26$ dans notre appareil;
b est la distance du sommet au centre des boules, ou $0^m,36$;
n est la fraction qui représente la variation de la vitesse qui doit être nécessaire pour vaincre la résistance.

En admettant que dans le modérateur de M. Saulnier, la vitesse de régime soit de 60 tours par minute, si l'on veut qu'il ne puisse pas faire 61 tours ou 59 tours, sans que le manchon ne se déplace, on aura

$$n = \frac{1}{60},$$

et par conséquent,

$$2P = 43R,$$

c'est-à-dire que le poids des boules devra être égal à 43 fois la résistance : et si le poids des boules est seulement égal à 21 fois la résistance, l'appareil pourra faire deux tours de plus ou de moins, sans que le manchon se déplace.

Sur quoi, il faut remarquer que la résistance à l'élévation du manchon peut bien n'être pas la même que la résistance à l'abaissement; c'est ce qui arrivera, par exemple, si le poids du levier W' et de la tige verticale W, n'est pas équilibré par des contre-poids convenables. Alors le moindre ralentissement de vitesse pourrait suffire pour faire descendre le manchon, tandis qu'il faudrait une accélération plus ou moins considérable pour en déterminer l'élévation.

Dans l'appareil de M. Saulnier, le poids des deux boules étant d'environ 20 kilogrammes, on voit que si la résistance du manchon était de 1 kilogramme, il pourrait y avoir une variation de vitesse de deux tours par minute ou d'un trentième, sans que la valve d'introduction éprouvât le moindre mouvement.

Il faut remarquer enfin que, la quantité de vapeur qui arrive au cylindre, n'étant pas rigoureusement proportionnelle à la section du tuyau que la valve laisse trop libre, il est toujours nécessaire de faire quelques tâtonnements, pour arriver à établir un rapport convenable entre les angles que l'axe de la valve doit décrire autour de sa position moyenne et les mouvements que le manchon peut exécuter au-dessus et au-dessous de la position correspondante, à la vitesse du régime. Ce n'est qu'après avoir trouvé ce rapport, qu'il est permis de dire que la distribution de la vapeur est véritablement réglée et que le modérateur remplit bien ses fonctions.

LÉGENDE

DES PLANCHES 13, 14, 15 et 16.

A Fig. 2, pl. 13. Plaque de fondation posée bien horizontalement sur un massif de pierres.

A' Fig. 7, pl. 13, et fig. 1 et 2, pl. 14. Colonnes creuses de fonte placées aux quatre angles de la plaque de fondation.

A'' Fig. 8, pl. 13, et fig. 1 et 2, pl. 14. Socle ou base des colonnes A'.

a Nervures de la plaque de fondation; il y en a quatre, une sous chaque traverse droite de la plaque.

a' Les deux traverses du milieu de la plaque de fondation : elles portent les deux paliers de l'arbre C' de l'excentrique.

a'' Les quatre ouvertures de cette même plaque destinées à recevoir les socles A'' des colonnes.

B Fig. 1 et 5, pl. 13; 1 et 2 pl 14, et 1, pl. 16. Chaise du cylindre,

b Les quatre pieds de la chaise.

b' Trous de la plaque de fondation correspondant aux quatre trous des pieds de la chaise B.

b'' Boulons de la chaise; ils sont à clavettes et traversent le massif de fondation.

C Fig. 1 et 6, pl. 13; 2, pl. 14, Arbre du volant.

C' Fig. 6, pl. 13, et 1, pl. 16. Arbre de l'excentrique.

C'' volant, son diamètre est de 5^m,20 et son poids de 2500 kilogram.

c Fig. 2, pl. 13. Premier palier de l'arbre du volant.

c'c' Palier de l'arbre principal ou de l'arbre de l'excentrique.

c''c'' Fig 1 et 2, pl. 14. Boulons traversant le palier du volant et le massif : il sont aussi à clavettes.

D Fig 6, pl. 13. Manivelle de l'arbre de l'excentrique.

D' Seconde manivelle de l'arbre de l'excentrique. C'est elle qui conduit la manivelle du volant.

D'' manivelle de l'arbre du volant.

d Fig. 5, pl. 15. Tourillon ou bouton fixé à clavette sur la manivelle de l'arbre principal, et traversant la manivelle du volant.

d' Fig. 4, pl. 15. Coussinets ou coquilles creusées sphériquement, et embrassant le tourillon *d*.

E Fig. 1, pl. 13; 1 et 2, pl. 14. Guides du fléau. C'est dans leurs rainures verticales que se meuvent les galets placés aux extrémités du fléau.

E' Fig. 1, pl. 13; 2, pl. 14. Support du modérateur. Il est fixé par deux pattes coudées d'équerre, contre les guides EE du fléau.

e Fig. 13, pl. 13. Écrou et boulon à clavettes traversant le massif, la plaque de fondation et les colonnes.

e' Entretoise unissant l'extrémité supérieure des guides du fléau.

e'' Autre entretoise placée à la partie inférieure des guides.

F Fig. 10 et 11, pl. 13. Cylindre à vapeur; il porte à sa partie supérieure une saillie, vue de face, fig. 2, pl. 14; de profil, fig. 1, pl. 14; en dessus, fig. 12, pl. 13, et en coupe, fig. 1, pl. 16.

F′ Fig. 1, pl. 13, fig. 1 et 2, pl. 14. Chapeau du cylindre à vapeur. Il est en coupe, fig. 1, pl. 16

f Fig. 1, pl. 16. Boîte à étoupes.

f' Presse-étoupes.

f'' Boulons à œillet des presse étoupes.

G Fig. 1 et 33, pl. 16. Tige du piston : elle a un renflement conique à sa partie inférieure faisant fonction de tête pour empêcher le corps du piston de descendre, et une clavette logée dans l'intérieur de ce même corps, le fixe solidement à la tige en l'empêchant de remonter.

G′ Fig. 1, pl. 16. Chape de la tige du piston. Elle est fixée à la tige du piston par une clavette et deux contre-clavettes faisant buter la tige contre le fond de la douille de la chape.

H Fig. 32 et 33, pl. 16. Piston.

H′ Couvercle ou partie supérieure du piston; il est adapté au corps du piston par des vis à têtes fraisées.

h Plateau inférieur du corps du piston.

h' Partie cylindrique fondue avec le plateau h, et formant le corps du piston. On a foré dans cette partie deux rangées de trous situés dans des plans parallèles au plateau et dirigés vers son axe. Le fond de ces trous est taraudé pour recevoir des broches d'acier servant à la fois de guides et de supports aux ressorts à boudin.

h'' Gorge d'un diamètre plus petit que la partie cylindrique h', et recevant le plateau supérieur.

I Fig. 1, pl. 13; 1 et 2, pl. 14. Robinet graisseur du grand cylindre.

i Clé du robinet graisseur.

i' Robinet servant à évacuer l'eau de condensation.

i'' Trou de la chaise correspondant à un robinet pour ôter l'eau de condensation.

J Fig. 34, pl. 16. Segmens en fonte faisant partie de la garniture du piston.

J′ Coins de même épaisseur que les segmens, et recevant la pression des ressorts à boudin placés autour du corps du piston. Ils transmettent cette pression aux segmens.

j Fig. 34. Goupilles vissées dans dans le corps du piston et portant les ressorts.

K Figures 2 et 3, pl. 14. Fléau recevant le mouvement vertical alternatif de la tige G du piston, à laquelle il est lié par une chape G′ et des clavettes.

L Fig. 1 et 2, pl. 14; 1, pl. 15. Bielles articulées par leur extrémité supérieure aux côtés du fléau, et par leur extrémité inférieure aux tourillons des manivelles de l'arbre C′, auxquelles elles transmettent le mouvement du piston.

L′ Tête supérieure de la bielle.

l Collet du fléau sur lequel se montent les bielles.

l' Clavettes.

M Fig. 8, pl. 15. Corps de la pompe

alimentaire. Il est fixé sur la plaque de fondation par quatre vis.

M′ Presse-étoupes du corps ci-dessus.

M″ Tige ou fausse bielle, articulée par sa partie supérieure au balancier P, et à sa partie inférieure au piston plongeur *m*″ de la pompe alimentaire.

m Conduit et bride fondus avec le corps de pompe et servant à réunir celui-ci au corps des soupapes.

m′ Boulons à clavettes du presse-étoupes ; l'un d'eux porte une mortaise servant de point d'appui au levier *n*′ agissant sur le chapeau du corps des soupapes.

m″ Piston plongeur de la pompe alimentaire.

N Corps des soupapes ; il est réuni au corps de la pompe alimentaire par des vis à têtes carrées, traversant la bride de *m* et partie de l'épaisseur de la bride *n*.

N′ Chapeau du corps des soupapes.

n Bride du corps des soupapes.

n′ Levier appuyant sur la tête du chapeau.

O Ouverture d'aspiration du corps des soupapes.

O′ Ouverture de refoulement du corps des soupapes.

o Robinet régulateur de la quantité d'eau à introduire dans la chaudière.

o′ Robinet formant, au besoin, la communication de la pompe alimentaire avec la chaudière.

o″ Soupape inférieure ; elle empêche le retour de l'eau aspirée dans le réservoir d'où elle a été prise.

o‴ Soupape supérieure d'un plus grand diamètre que l'autre : elle empêche le retour de l'eau refoulée dans la chaudière.

P Fig. 1, pl. 13 et 14. Balancier de la pompe d'alimentation.

P′ Fig. 1. Support du tourillon (axe d'oscillation) du balancier P.

P″ Support du guide courbe *p*″.

p Fig. 1. Bielle de la pompe alimentaire ; elle est mue par un excentrique circulaire placé sur l'arbre du volant.

p′ Tourillon ou axe d'oscillation du balancier ou levier P.

p″ Coulisse courbe servant de guide à l'extrémité mobile du balancier P.

Q Fig. 6, pl. 15. Excentrique circulaire de la pompe alimentaire. Il est monté sur l'arbre du volant.

q Partie demi-circulaire formant l'extrémité inférieure de la bielle P, et faisant partie du collier qui embrasse l'excentrique.

q′ Seconde partie complétant le collier de l'excentrique.

R Fig. 10, pl. 13 ; 2, pl. 14. Conduit courbe amenant la vapeur de la chaudière dans la boîte à vapeur.

R′ Conduit courbe de sortie de la vapeur lorsqu'elle doit cesser d'agir dessus ou dessous le piston.

R″ Fig. 2, pl. 14. Colonne creuse masquant le tuyau d'apport de la vapeur provenant de la chaudière ; il est en contact immédiat avec le conduit R.

R‴ Fig. 1 et 2, pl. 14. Colonne creuse masquant le tuyau de sortie de la vapeur : il est le prolongement du conduit courbe R′.

r Fig. 10, pl. 13. Ouverture du conduit R d'apport de la vapeur dans la boîte.

r' Ouverture du conduit R' de sortie de la vapeur.

r'' Ouverture et conduit de communication entre la boîte à vapeur et le dessus du piston.

r''' Ouverture et conduit de communication entre la boîte à vapeur et le dessous du piston.

S Fig. 1 et 2, pl. 14; 6, 7, 8, pl. 16. Boîte à vapeur.

S' Chapeau de la boîte à vapeur; il est boulonné en partie avec une bride appartenant à la boîte, et en partie avec une autre bride tenant à la saillie massive du cylindre F.

S'' Tiroir.

s Tige du tiroir S''.

T Fig. 1 et 2, pl. 14; 1, pl. 16. Deux tringles à embases formant les côtés verticaux du châssis moteur du tiroir.

T' Traverse supérieure du châssis.

T'' Traverse inférieure du châssis.

t Fig. 1, pl. 16. Bouts inférieurs des tringles T : ils se meuvent dans des trous percés dans les supports V'', et qui servent ainsi à les guider.

t' Fig. 25, pl. 16. Pièce d'acier ajustée très exactement sur l'extrémité cylindrique de la branche *v'* de l'équerre. Cette pièce, à faces bien parallèles, se meut dans une mortaise faite dans le milieu de la traverse T'' sans avoir de jeu, et la mortaise elle-même est garnie en haut et en bas de deux plaques d'acier.

t'' Fig. 26, pl. 16. Plaques d'acier formant la garniture de la mortaise de T''. Elles sont, après leur ajustement, rivées avec la traverse elle-même.

U Fig. 1, pl. 13; 1 et 2, pl. 14. Poulie à gorge, montée sur l'arbre du volant. Elle donne le mouvement à la poulie du modérateur au moyen d'une corde qui les embrasse toutes deux.

U' Poulie à plusieurs gorges, montée sur l'axe vertical Z du modérateur ou pendule conique.

U'' Poulie de renvoi et de tension pour la corde qui passe sur les poulies U et U'.

u Corde des poulies U et U'.

u' Vis fixant la poulie U' à la hauteur convenable sur l'arbre *z*.

V Fig. 29 et 30, pl. 16. Équerre changeant le mouvement horizontal alternatif de la cage en un mouvement vertical de même nature.

V' Arbre horizontal de l'équerre. Il est soutenu par deux supports attachés à vis sur la plaque de fondation.

V'' Supports de l'arbre de l'équerre.

v Bras vertical de l'équerre.

v' Bras horizontal de l'équerre.

v'' Trous faits dans le support V'', et servant de guides aux tringles verticales T.

X Plaques ou fonds de la cage à galets.

X' Queue de la cage à galets, boulonnée à l'une des plaques X.

X'' Tiges d'assemblage de la cage à galets : elles sont garnies d'acier dans la partie qui frotte contre l'arbre de l'excentrique.

x Oreilles ou saillie des plaques X servant à porter l'axe des galets.

x' Galets.

x'' Plaques d'acier, ou ganiture des tiges X''.

x''' Vue de bout, ou coupe de l'une des tiges d'assemblage par un plan perpendiculaire à sa longueur.

Y Excentrique régulateur de l'introduction de la vapeur. Y est la partie fixée sur l'arbre.

Y' Partie variable ou mobile de l'excentrique Y.

y Boulon assujétissant les deux pièces de l'excentrique dans une position déterminée.

y' Coulisse pratiquée dans l'épaisseur de la partie mobile, pour la tête du boulon y.

y'' Vis servant à assujétir sur l'arbre C' la partie fixe Y de l'excentrique.

Z Tige du modérateur.

Z' Boulets centrifuges.

Z'' Collier ou manchon du modérateur.

z Tête du modérateur ou pendule conique.

z' Articulation des bras des boulets avec les tiges courbes.

z'' Articulations des tiges courbes avec le manchon.

W Figures 1 et 2, planche 14; Tringle verticale assemblée à charnière par le haut avec le levier W' dont elle reçoit le mouvement. Cette tringle est filetée dans sa partie inférieure pour recevoir une pièce à chape w'' et w', qui meut directement le bras de l'axe d'une valve régulatrice placée dans le chapiteau de la colonne R'', pour diminuer plus ou moins le passage de la vapeur provenant de la chaudière. La partie filetée de la tringle permet d'augmenter ou diminuer la longueur totale de w, afin de faire prendre à la valve une position convenable et relative à la quantité de travail que doit produire la machine.

W' Figures 1 et 2, planche 14; Levier articulé au support W'' et à la tringle W. Il reçoit le mouvement du collier Z'' du modérateur par deux petits galets tournant dans la gorge du manchon : ces galets sont parallèles, et diamétralement opposés l'un à l'autre par rapport à l'axe du pendule conique. Le tourillon du premier est vissé dans la pièce W', et celui du second est porté par une pièce coudée et fixée solidement au même levier W'. Cette disposition se voit très bien sur la figure 1, pl. 13.

W'' Support du levier W.

w Axe et bras de la valve d'introduction mue par le modérateur.

w' Pièce à chape conduisant le bras de la valve. Sa partie supérieure, qui est à tenon, peut tourner librement dans un trou cylindrique de w'', dans lequel elle est retenue par une petite rondelle et une goupille.

w'' Pièce à écrou vissée sur la tige W dont elle varie la longueur. La partie inférieure de w'' est forée et reçoit la pièce à chape w'.

LISTE

DES BREVETS

QUI ONT ÉTÉ ACCORDÉS

EN FRANCE,

PENDANT LE PREMIER TRIMESTRE DE 1835.

1°. M. BIDAULT, Mécanicien à Bordeaux (Gironde);
Brevet d'*Invention* de 5 ans, le 3 avril,
Pour un *Métier à Tricoter*, nommé TRICOTEUR BIDAULT.

2°.— MM. JACQUET, *frères*, Mécaniciens, rue de la Charité, hôtel des Monnaies à Lyon (Rhône);
Brevet d'*Invention* de 5 ans, le 3 avril,
Pour une *Forme intérieure de Poèle servant à fabriquer du gaz, propre à l'éclairage sans ôter au poèle les moyens de chauffer l'appartement.*

3°. — M. DUBOIS, Négociant à Brest, représenté par M. *Hubert*, boulevart Montmartre, n. 8; à Paris.
Brevet d'*Invention* de 5 ans, le 3 avril dernier,
Pour de *Nouveaux Appareils et Procédés propres à dessaler l'eau de mer.*

4°. — M LECLERC, Fabricant d'Acier à Saint-Étienne (Loire);
Brevet d'*Invention* de 15 ans, le 3 avril,
Pour un *Moyen de fondre en grand et mouler le fer ductile sans addition de matières qui en altèrent les propriétés; fusion qui a notamment pour but, soit d'obtenir le moulage des pièces que l'on fabrique plus difficilement par le forgeage, soit d'améliorer la qualité du fer.*

5°. — M. COSTIL, Banquier de Bruxelles, représenté à Paris par M. *Peysourand*, rue de Verneuil, n. 47, à Paris;
Brevet d'*Importation* et de *Perfectionnement* de 10 ans, le 3 avril,
Pour des *Papillons, Insectes et Fleurs artificielles, s'animant par le moyen d'un mécanisme.*

6°. — M. VILLET, Marchand de Fer, place Louis-le-Grand, n. 10, à Lyon (Rhône);
1°. Brevet d'*Invention* de 10 ans, le 3 avril,
Pour une *Force motrice applicable à diverses machines;*
2°. Brevet de *Perfectionnement* et d'*Addition* à ce titre.

7°. — M. GOSME, de Mouroux près Coulommiers, représenté à Paris par M. *Calla*, Mécanicien, faubourg Poissonnière, n. 92;
Brevet d'*Invention* de 5 ans, le 9 avril,
Pour un *Nouveau système de nettoyage du Blé.*

8°. — M. BARBEAU, Mécanicien de Châtillon, représenté à Paris par M. *Delahaye-Royer*, Avoué, rue de Rivoli, n. 10 *bis*;

Brevet d'*Invention* et de *Perfectionnement* de 15 ans, le 9 avril,

Pour une *Machine propre à la fabrication du Plâtre*; comprenant : 1° l'extraction; 2° le moulage; 3° la cuisson; 4° la pulvérisation et même le tamisage.

9°. — M. CHAUVEL, Fabricant de Chapeaux, rue Saint-Avoie, n. 14, à Paris;

Brevet d'*Invention* et de *Perfectionnement* de 5 ans, le 9 avril,

Pour un *Feutre absorbant*.

10°. — M. PERDRISAT, Marchand de Fer à Bourges (Cher);

Brevet d'*Invention* de 5 ans, le 9 avril,

Pour un *Moyen mécanique de tourner à froid les embattages à cercles de roues de voitures*.

11°. — M. MARLEIX, Fabricant de Cols, rue Clermont, n. 28, à Lyon (Rhône);

1°. Brevet d'*Invention* et de *Perfectionnement* de 15 ans, le 9 avril,

Pour un *Ressort élastique en caoutchouc, destiné à remplacer le rembourrage actuel des bandes de billard*;

2°. Brevet de *Perfectionnement* et d'*Addition* à ce titre.

12°. — M. GROSJEAN, Fabricant, de Mulhausen (Haut-Rhin);

Brevet de *Perfectionnement* et d'*Addition*, le 9 avril, au Brevet de *Perfectionnement* de 10 ans, qu'il a pris le 11 décembre 1834,

Pour un *Procédé de fabrication propre à utiliser les gaz qui s'échappent des chambres de plomb où se fait l'acide sulfurique, d'après la méthode dite combustion continue*.

13°. — MM. FRANÇOIS, *frères*, Négociants, à Nantes (Loire-Inférieure);

Un deuxième brevet de *Perfectionnement* et d'*Addition*, le 13 avril, à leur brevet d'*Invention* de 10 ans, du 22 novembre 1834.

Pour un *Instrument* nommé Fusil-Harpon, *propre à la pêche de la baleine*.

14°. — M. MEUNIER, rue du Petit-Cancera, n. 3, à Bordeaux (Gironde);

Brevet de *Perfectionnement* et d'*Addition*, le 13 avril, à son brevet d'*Invention* et de *Perfectionnement*, de 10 ans, pris le 11 juillet 1834,

Pour un *Moteur* nommé Coursier hydraulique fluvial, *et destiné au moyen d'une roue à aube et d'un mécanisme, à s'emparer d'une partie de la force du courant des rivières, afin de l'appliquer à divers usages*.

15°. — M. FRIMOT, Ingénieur des ponts-et-chaussées, rue Blanche, n. 40, à Paris;

Brevet de *Perfectionnement* et d'*Addition*, le 21 avril, au brevet d'*Invention* de 15 ans pris le 28 décembre 1828,

Pour de *Nouvelles Machines à Vapeur*.

16° — M. le baron HEURTELOUP, demeurant à Londres, faisant élection de domicile à Paris, chez M. *Reynaud*, rue du Temple, n. 119;

1°. Brevet d'*Invention*, d'*Importation* et de *Perfectionnement*, de 15 ans, le 21 avril,

Pour *différens Perfectionnemens apportés aux armes à feu*.

2°. Brevet de *Perfectionnement* et d'*Addition* à ce titre.

17°. — M. AMASA STONE, de Rhode Island (États-Unis), représenté à Paris, par M. *Perpigna*, rue Choiseul, n. 4;

1°. — Brevet d'*Importation* et de *Perfectionnement*, de 15 ans, le 21 avril.

Pour certains *Perfectionnemens dans la confection des métiers propres à tisser diverses espèces d'étoffes; perfectionnemens qui sont applicables à tous les métiers activés soit par la main de l'homme ou par tout autre moteur*.

2°. Brevet de *Perfectionnement* et d'*Addition* à ce titre.

18°. — M. ROBERT, rue d'Orléans-Saint-Honoré, n. 2, à Paris;

Brevet d'*Invention* de 15 ans, le 24 avril,

Pour une *Lampe à nouvelle combinaison construite sur le principe de la Fontaine de Héron*.

19°. — MM. le vicomte DESBASSYNS de RICHEMONT et BURET; faubourg Saint-Honoré, n. 83, à Paris.

Troisième brevet de *Perfectionnement* et d'*Addition*, le 24 avril dernier, à leur brevet d'*Invention* de 15 ans pris le 30 janvier précédent,

Pour des *Procédés de conservation de substances alimentaires de toute nature, sans les soumettre à l'action de la chaleur, et de manière à pouvoir les transporter à des distances plus ou moins longues, et s'en servir pour l'alimentation après un certain temps.*

20°. — M. PAPE, Fabricant de Pianos, rue des Bons-Enfants, n. 19, à Paris,
Brevet de *Perfectionnement* et d'*Addition*, le 24 avril, au brevet d'*Invention* et de *perfectionnement* de 10 ans, qu'il a pris le 22 novembre 1834,
Pour une *Nouvelle Mécanique de pianos et disposition de table d'harmonie et de caisse, qui par leur construction procurent les avantages d'une très grande force et sonorité de sons dans un très petit format.*

21°. — M. VALDEIRON, rue Silvabelle, n. 49, à Marseille (Bouches-du-Rhône);
Brevet d'*Invention* de 10 ans, le 24 avril,
Pour une *Machine hydraulique* nommée POMPE MARSEILLAISE.

22°. — M. FILLEUL, de Rennes (Ille-et-Vilaine);
Brevet d'*Invention* de 15 ans, le 24 avril,
Pour une *Machine* qu'il nomme MOTEUR PERPÉTUEL, *destiné à mettre en mouvement tout ce qui se meut par une puissance quelconque.*

23°. — M. PIGALET, Tourneur, rue du faubourg Saint-Antoine, n. 101, à Paris;
Brevet de *Perfectionnement* et d'*Addition*, le 28 avril, au brevet d'*Invention* de 5 ans, qu'il a pris le 31 décembre 1834, conjointement avec M. *Jonval;*
Pour un *Système de pression hydraulique appliqué aux seringues et à la confection des jets d'eau artificiels.*

24°. — M. FOUCARD, Fabricant de Boutons, rue des Enfants-Rouges, n. 7, à Paris;
Brevet d'*Invention* et de *Perfectionnement* de 5 ans, le 28 avril,
Pour l'*Application des queues flexibles aux boutons de corne unie, façonnés et incrustés de toutes grandeurs, formes et dimensions.*

25°. — M. LOLOT, de Charleville, faisant élection de domicile, rue Richelieu, n. 47, à Paris;
Brevet d'*Invention* de 15 ans, le 28 avril,
Pour des *Perfectionnemens nouvellement apportés à la machine à fabriquer les clous.*

26°. — M. CLEZEAU, Professeur de mathématiques, rue des Bernardins, n. 3, à Paris;
Brevet d'*Invention* de 15 ans, le 28 avril,
Pour un *Mécanisme propre à ouvrir de larges et profonds puits*, qu'il nomme PUITS SAUQUAIRES.

27°. — M. GALLAIS, rue des Saints-Pères, n. 26, à Paris;
Brevet d'*Invention* et de *Perfectionnement* de 15 ans, le 28 avril;
Pour une *Préparation nouvelle* appelée LACTOLINE.

28°. — M. GERMAIN, Horloger-Mécanicien, rue Castiglione, n. 10, à Paris;
Brevet d'*Invention* et de *Perfectionnement* de 5 ans, le 4 mai,
Pour un *Nouveau système d'amorces applicables à toutes sortes d'armes à feu et à percussion.*

29°. — M. HUARD, Fabricant de Chandelles, à Beaumont-le-Vicomte (Sarthe);
Deuxième brevet de *Perfectionnement* et d'*Addition*, le 4 mai, à son brevet d'*Invention* et de *Perfectionnement* de 10 ans, du 4 février 1833,
Pour deux *Chasses à tisser, qui font mouvoir seules la navette sans qu'il soit nécessaire d'y mettre la main.*

30°. — M. CORRADI, Entrepreneur de menuiserie, rue Fortin, n. 4, aux Batignolles-Monceau, près Paris;
Brevet d'*Invention* de 5 ans, le 4 mai,
Pour des *volets à cylindres destinés à remplacer les volets mobiles employés à la fermeture des boutiques.*

31°. — M. RIGOLLET, Négociant, rue des Blancs-Manteaux, n. 44, à Paris;
Brevet d'*Importation* et de *Perfectionnement* de 5 ans, le 4 mai,
Pour un nouveau *Système de fabrication de chapeaux de soie.*

32°. — M. LANTILLON, Fabricant d'étoffes de soie, rue des Capucins, n. 3, à Lyon (Rhône);
Brevet de *Perfectionnement* et d'*Addition*, le 4 mai, à son brevet d'*Invention* de 15 ans, du 30 août 1832,
Pour la *Confection d'un nouveau genre d'étoffe de soie.*

33°. — M. DE BOURGE, à la Papeterie mécanique anglaise de Ville-sur-Sceaux près Bar-le-Duc, représenté à Paris, par M. *Reynaud*, rue du Temple, n. 119;
Brevet d'*Invention* de 10 ans, le 4 mai,
Pour des *Perfectionnemens apportés aux mécaniques anglaises, propres à la fabrication du papier.*

34°. — M. FLOURENS, Avocat, rue de la Calandre, n. 49, à Paris;
Brevet d'*Importation* de 15 ans, le 4 mai,
Pour des *Perfectionnemens aux machines locomotives se mouvant sur des chemins de fer dits* EDSERAILWAYS.

35°. — VERGIER, Passementier, à Saint-Étienne (Loire);
Brevet d'*Invention* de 5 ans, le 4 mai,
Pour un *Battant mécanique* propre *aux métiers à la Zurichoise et à la Jacquart.*

36°. — M. MENIER, rue du petit Cancera, n. 3, à Bordeaux (Gironde);
Brevet de *Perfectionnement* et d'*Addition*, le 7 mai, à son brevet d'*Invention* et de *Perfectionnement* de 10 ans, du 11 juillet 1834,
Pour un *Moteur* qu'il nomme COURSIER HYDRAULIQUE FLUVIAL.

37°. — M. GOBERT, Serrurier, de Boissy-Saint-Léger, élisant domicile à Paris, chez M. *Sterling*, rue Pavée-Saint-Sauveur, n. 3, à Paris;
Brevet d'*Invention* de 10 ans, le 7 mai,
Pour un nouveau *Système d'arrêt de persienne à bascule.*

38°. — M. BERJOU, rue des Filles-du-Calvaire, n. 9, à Paris;
Deuxième brevet de *Perfectionnement* et d'*Addition*, le 7 mai, à son brevet d'*Invention* de 15 ans, du 13 août 1834.
Pour une *Chaussure de chevaux* nommée HIPPO-SANDALE.

39°. — M. TARDY, rue Neuve-des-Capucines, n. 6, à Paris;
Brevet d'*Importation* de 5 ans, le 7 mai,
Pour un nouveau *Mécanisme servant à la ferrure des portes ouvrant des deux côtés ou d'un seul, et se refermant d'elles-mêmes.*

40°. — M. GERVAIS, Négociant, rue Sainte-Marguerite, n. 27, à Paris;
Cinquième brevet de *Perfectionnement* et d'*Addition*, le 7 mai, à son brevet d'*Invention* de 15 ans, du 4 décembre 1834,
Pour une *Roue à puissance mi-circulaire, mue par des moteurs à mouvement centrifuge, opérant le mouvement perpétuel.*

41°. — M. VIEL, Directeur de filature, à Inchinville, près d'Eu (Seine-Inférieure),
Brevet d'*Invention* de 5 ans, le 8 mai,
Pour une *Broche verticale pour continu, fixée des deux bouts, ayant un collet mobile et tournant, propre à filer toute matière filamenteuse.*

42°. — M. THILORIER, Ferblantier, rue du Bouloi, n. 4, à Paris;
Quatrième brevet de *Perfectionnement* et d'*Addition*, le 8 mai, à son brevet d'*Invention* de 5 ans, du 12 mai 1826, et qui a été prorogé à 15 ans, par ordonnance du Roi du 6 juin 1817,
Pour une *Lampe* appelée HYDROSTATIQUE, *à réservoir inférieur*, propre *à remplacer celles dites* A LA CARCEL, *et ne renfermant aucun rouage ou pièce mobile.*

43°. — MM. FIRMIN DIDOT, *frères*, et THUVIEN, rue Jacob, n. 24, à Paris;
Brevet d'*Invention* de 5 ans, le 8 mai,
Pour une nouvelle *Machine à imprimer.*

44°. — M. TOUBOULIE, Ingénieur-Mécanicien, rue de Cléry, n. 26, à Paris;
Brevet de *Perfectionnement* et d'*Addition*, le 8 mai, à son brevet d'*Invention* de 5 ans, du 23 mars,
Pour un *Appareil* qu'il nomme RAME AXIALE, propre *à opérer la Translation des Bâtimens et des Embarcations.*

45°. — MM. KOCH et GRASSE, de Guebwiller (Haut-Rhin);
Deuxième brevet de *Perfectionnement* et d'*Addition*, le 8 mai, à son brevet d'*Invention* de 5 ans, du 5 décembre 1834,
Pour une *Machine* propre *à Refouler l'eau des moulins et autres usines sur la même roue.*

46°. — M. CARRIER, Imprimeur sur Étoffes, rue Simon-le-Franc, n. 17, à Paris;
Brevet d'*Invention* de 5 ans, le 8 mai,

Brevet d'*Invention* de 10 ans, le 30 juin,

Pour un *Système complet de fabrication du sucre indigène, fondé sur des méthodes toutes nouvelles.*

147°. — MM. LASSALLE et BELLOCQ, Fabricans de cheminées, rue Saint-Dominique Saint-Germain, n. 25, à Paris;

Brevet d'*Invention* de 5 ans, le 30 juin,

Pour des *Perfectionnemens apportés aux appareils fixes et portatifs* propres *au chauffage des appartemens.*

148°. — M. STOLZ, Mecanicien, rue Coquenard, n. 22, à Paris;

Brevet d'Invention de 5 ans, le 30 juin,

Pour un *Tamis continu à cylindre fixe et agitateurs intérieurs,* propre *à l'extraction de la fécule de pomme de terre.*

CESSIONS

RÉGULIÈRES ET EFFECTIVES

DE BREVETS.

(DEUXIÈME TRIMESTRE DE 1835.)

1er. — Cession faite, le 24 mars, à MM. Viallet et Guillard, fabricans d'étoffes de soie, place Croix-Paquet, n° 2, à Lyon (Rhône), par M. Peyre fils, de tous ses droits; 1°. au brevet d'*Invention* de 5 ans, qu'il a pris le 3 février 1834, pour un *Nouveau Métier à la barre, servant à la fabrication de la pluche et du velours;* 2°. au brevet de *Perfectionnement* et d'*Addition* à ce titre, qui lui a été délivré le 11 décembre suivant.

2e. — Cession faite, le 8 avril, à M. Peutin dit Tancrède, fabricant de Noir animal, demeurant à Marly, près Valenciennes (Nord), par M. Janton, de tous ses droits au brevet d'*Invention* de 10 ans, qu'il a pris le 17 octobre 1831, pour des *Procédés propres à revifier et fabriquer le charbon décolorant.*

3e. — Cession faite, le 9 avril dernier, à M. Ragon, rue Saint-Nicolas d'Antin, n° 36, par M. Dearne, de tous ses droits au brevet d'*Importation* de 15 ans, qu'il a pris le 17 mai 1833; pour un *Nouveau Système de moulin propre à moudre les grains et bluter la farine.*

4e. — Association faite, le 22 avril, entre MM. Daveu, Leloup et Boredon, d'une part, et MM. Campi et Demiensky, demeurant, le premier, rue du Marché Saint-Honoré, n° 9, et le second, rue Lafitte, n° 36, à Paris, d'autre part, pour l'exploitation du brevet d'*Invention* de 10 ans pris le 12 juin 1833, par MM. Daveu et Leloup, pour un *Procédé économique de la fabrication du pain;* ladite société étant constituée sous la raison commerciale de *Henry, Dembinsky*, et *Compagnie.*

5e. — Cession faite, le 27 avril, à M. Duchesne, boulevart Montmartre, n° 14, à Paris, par M. Gombert aîné, d'un cinquième de ses droits au brevet d'*Invention* de 15 ans, qu'il a pris le 22 juin 1833, pour une *Force motrice pouvant imprimer un mouvement sans interruption, n'ayant besoin d'aucune alimentation, d'une puissance indéfinie et pouvant fonctionner dans toutes les localités.*

6°. — Cession faite, le 29 avril, à MM. Delalande et Labretonnière, demeurant à Paris, l'un rue de Valois-Batave, n° 2, et le second, rue de la Huchette, n°s 15 et 17, par M. Accard, de tous ses droits au brevet d'*Invention* de 15 ans, qu'il a pris le 31 mars 1830, pour une *Machine propre à fabriquer des clous d'épingles et des béquets.*

7°. — Cession faite, le 5 mai, à M. Javal, négociant, rue du faubourg Saint-Martin, n° 83, à Paris, par M. Werteimbert, de tous ses droits au brevet d'*Invention* de 10 ans, qu'il a pris le 4 novembre 1833, pour de *Nouveaux procédés propres à retirer de toutes espèces de poissons, soit maritimes, soit fluviatiles, des mollusques ou des cétacés, des savons, des huiles, des graisses pour des roues de voitures, des sels ammoniacs, du prussiate de potasse, de colle de poisson, et du charbon animal.*

8°. — Cession faite, le 16 mai, à M. Labouriau, docteur en médecine, rue Christine, n° 10, à Paris, et à madame Rouvier, née Uranie-Henriette Achante, demeurant aussi à Paris, avec son mari, dont elle est autorisée, rue du Petit-Lion-Saint-Sauveur, n° 26, par M. Duchaulsoy, de tous les droits qu'il avait acquis de M. Labouriau, 1°. au brevet d'*Invention* de 10 ans, pris par ce dernier le 18 juin 1832, pour des *Perfectionnemens apportés dans la confection et l'entretien des chaussures*; 2°. aux brevets de *Perfectionnement* et d'*Addition*, à ce titre demandés ou délivrés postérieurement.

9°. — Cession faite, le 20 mai, à M. Combes jeune, fabricant de gants, rue du Cygne, n° 7, à Paris, par M. Jecquier, assisté de M. Gontier, son associé de la moitié du droit à lui appartenant au brevet d'*Invention* de 10 ans, qu'ils ont pris ensemble le 31 décembre 1834, pour une *nouvelle Pâte propre à la fabrication du papier,* en sorte que ce titre est la propriété de M. Gontier pour la moitié, et de MM. Jequier et Combes, chacun pour un quart.

10°. — Cession faite, le 20 mai, à M. Vial, commissionnaire en ganterie, rue des Deux-Portes-Saint-Sauveur, n° 17, par M. Gontier, de la moitié de ses droits au brevet d'*Invention* de 10 ans qu'il a pris, le 31 décembre 1834, conjointement avec M. Jecquier, pour une *nouvelle Pâte propre à la fabrication du papier.*

11°. — Association formée, le 27 mai, entre MM. Menotti, négociant, demeurant aux Batignolles-Monceaux, près Paris, rue Saint-Louis, n° 60, et Becker, aussi négociant, demeurant à Paris, rue de Charonne, n° 95, d'une part, et Braff, d'autre part, afin d'exploiter le brevet d'*Invention* et de *Perfectionnement* de 10 ans, pris par ce dernier, le 22 du même mois, pour un *Procédé propre à rendre toute sorte de tissus, soit de laine ou de coton, de fil ou de soie, imperméable à l'eau et non aux fluides élastiques.*

12°. — Association formée, le 30 mai, entre M. LEDRU, rue de Paradis, n° 135, à Marseille, et M. HAINSSELIN, afin d'exploiter le brevet d'*Invention* de 5 ans pris par ce dernier, le 10 juillet 1834, pour un moteur qu'il nomme CHIMICO-PHYSIQUE, nullement dangereux, ne produisant pas ou très peu de fumée, pouvant s'appliquer à quoi que ce soit, et propre à remplacer la vapeur avec avantage et économie.

13°. — Cession faite, le 13 juin, à M. VIAL, commissionnaire en ganterie, demeurant à Paris, rue des Deux-Portes-Saint-Sauveur, n° 17, par M. GONTIER, du quart restant lui appartenir au brevet d'*Invention* de 10 ans qu'il a pris, le 31 décembre 1834, conjointement avec M. JEQUIER, pour une *nouvelle Pâte propre à la fabrication du papier.*

14°. — Cession faite, le 17 juin, à MM. BAILLEUL et Compagnie, fondeurs en caractères, demeurant à Paris, rue des Boucheries-Saint-Germain, n° 38, par M. LEDOUX, de tous ses droits au brevet d'*Invention* de 15 ans qu'il a pris, le 30 mars 1827, conjointement avec M. HERAN, et dont il a acquis les droits, pour un *nouveau Moule propre à la fonte des caractères d'imprimerie,* et pour une *Machine à rainer, appliquée à la fonderie.*

15°. — Cession faite, le 17 juin, à MM. BAILLEUL et Compagnie, fondeurs en caractères, demeurant à Paris, rue des Boucheries-Saint-Germain, n° 38, par M. LEDOUX, de tous ses droits au brevet d'*Invention* et de *Perfectionnement* de 15 ans qu'il a pris, le 13 février précédent, pour des *Changemens apportés au Moule mécanique propre à fondre d'un seul jet un grand nombre de caractères d'imprimerie.*

16°. — Cession faite, le 19 juin, à MM. AUGER-TRONÉ, rue Notre-Dame-des-Victoires, n° 6, à Paris, et JEQUIER-LANDRY, rue Chabannais, n° 2, à Paris, par M. FAUREAU, du droit d'exploiter pendant 5 ans, à partir du jour de ladite cession : 1°. le brevet d'*Invention* et de *Perfectionnement* de 15 ans qu'il a pris, le 10 novembre 1829, pour une *Machine propre à fabriquer toute espèce papier;* 2°. les brevets de *Perfectionnement* et d'*Addition* à ce titre, qu'il a pris, les 23 juillet 1830, et 11 février 1832.

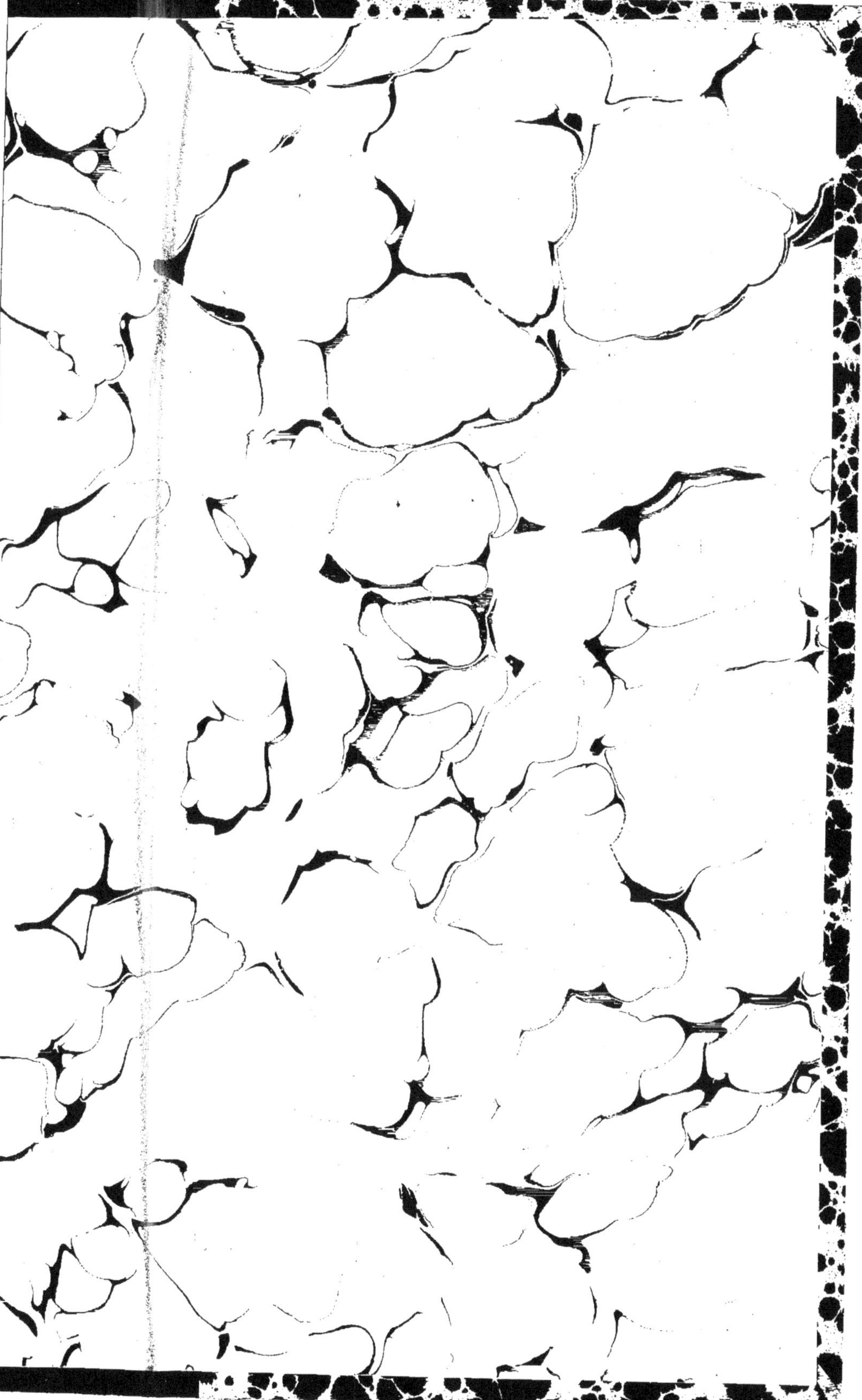

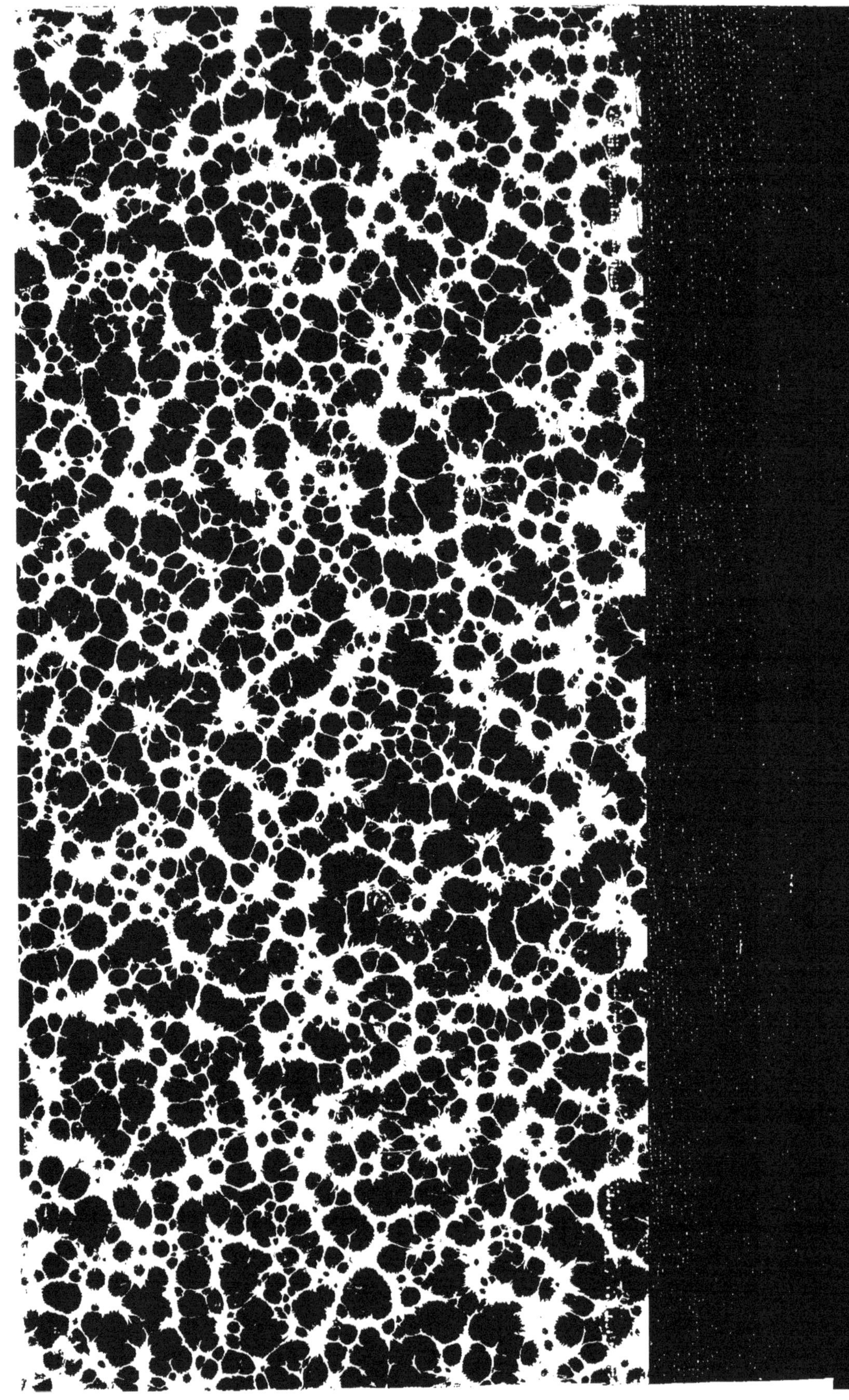

www.ingramcontent.com/pod-product-compliance
Ingram Content Group UK Ltd.
Pitfield, Milton Keynes, MK11 3LW, UK
UKHW020316250726
13967UKWH00004B/1746